みんなで起こそう農レボリューション

土から平和へ

Soil for Peace

塩見直紀と種まき大作戦 編著

この本は、
さまざまなスタイルで農にかかわる70人に、
「土から平和へ」という
共通のテーマで寄せていただいた
メッセージをまとめたものです。

土のある暮らし

私の父がこの世を去った、2002年7月31日。父がこよなく愛した、千葉県の鴨川にある里山。そこにいま、私は住んでいる。

近くに大山千枚田という棚田が広がり、無数の命を育む森に囲まれた、「鴨川自然王国」。ザ・日本の風景が、ここにはある。春になれば田んぼに水を張って、田植えをする。夏には食べきれないくらいの夏野菜が収穫できる。秋になると稲が穂をたらし、あたり一面を金色に染める。

なんて美しいのだろう！　そして、なんて豊かなのだろうか。

亡くなった父が私に教えてくれた大切なキーワード。

「生きることは食べること！」

当たり前のことだけど、この原点に立ち戻って物事を考えてみたら、いろんなことが見えてくるし、つながってくる。

私はここで土のある生活を始めて、食べることに直接自分が関わっていくなかで、本当のおいしさや、豊かさや、喜びを感じることができた。

食べ物を育んでくれる本物の土、本物の水。それは本物の森から生まれる。だから大切な数少ない森を、私たちは守り続けなくちゃいけないんだ。目先の利益ではなく、遠い遠い先の未来図を描いていかなくちゃいけない。

2007年からスタートした、「種まき大作戦」。圧倒的な人口が集中している都会で暮らす人びとに、自らが食に関われるようなおもしろい企画をたくさん提供してきた。休耕地の開墾から始める米作りプロジェクト「棚田チャレンジ!」。大豆の栽培から始める「手前味噌チャレンジ!」。田植えから始める「自然酒チャレンジ!」。最近では麦播きから始める「地ビールチャレンジ!」。

また、私が農村漁村を回る「種まきライブツアー」では、音楽といっしょに農の喜びをメッセージとして伝える。主催者はほとんど農家の方々やNPOなど、いわゆるイベンターではない。小さいものもたくさんあるけれど、とっても心がこもった、温かい、地元を愛する気持ちが伝わってくるライブになる。ここにも未来がある！ってワクワクしてしまう。

そして、年に一回の大地に感謝するお祭り「土と平和の祭典」。年々、参加者が増えていく。食や農に関心をもつ人が増えている証拠だ。

私たちの小さな種まきが、いつか実を結ぶことを確信しながら、今年もまた稲刈りに臨む。

「土と平和の祭典」実行委員長・半農半歌手
Yae

土が産み出すもの

「土だけが本当の富を産み出せる」

これは、フランス・ブルボン朝の政治家であり、重農主義経済学者であったジャック・テュルゴーが言った言葉だ。

近代史のスタートとなったフランス革命が、このような考えを契機とした農民による革命だったとは、私自身、つい最近まで知らなかった。

「土」以外のあらゆる「生産」は、物から物へ、エネルギーからエネルギーへ、形を変えるだけの行為であって、ゼロから何かを産み出すものではない。

たくさんの生命体の結果としての土だけが、太陽の光や雨や風の助けを借りて、小さな種を育て、大きな恵みへと変化させ、その植物たちが空気中に酸素を送りだし、動物たちの食となり、最後には再び豊かな土へと帰っていく、素晴らしい奇跡の循環そのものだ。

土を奪われた者は、命の根を失った弱きもの。人間としての最も哀しい姿だ。だから、ユダヤ人のゲットーでも南アフリカのソウェト（アパルトヘイト下の黒人居住区）でも、緑を植えることが禁じられた。

世界が同時に金融危機に陥ってしまうようなこの時代、気づいてみれば、私たちの暮らしは土との縁を断ち切られ、自分の力で自分の命を支えることのできない、虚構の存在になってしまっている。

たとえて言えば、動物園の動物。どこかから運ばれる餌に一切を頼り、そのルートを左右する仕組みに支配されて生きている。

いま、「土の上の暮らし」を取り戻そうとするたくさんの人たちが求めているのは、きっと何よりも自分が自分である喜びなのだ。

誰のものでもない自分という命を、ほんの少しでも自分の手足で支えられる！　生きることが暮らしであり、暮らすことが自分の命そのものであるように……。

いまこそテーマは土とともに生きることであり、土を誰からも奪わない平和なのだ。

「土と平和の祭典」世話人代表
歌手・UNEP（国連環境計画）親善大使
加藤登紀子

Contents

Prologue

2 土のある暮らし／Yae（半農半歌手）
3 土が産み出すもの／加藤登紀子（歌手）

Special Message

6 農哲学と恵み感受性ある世紀へ／塩見直紀（半農半X研究所代表）

Part 1 土の上で幸せ

12 大地に足をつけるとき／益戸育江（女優）
14 土は神様／白井貴子（シンガーソングライター）
16 泥が生き物や子どもを育む／永島敏行（俳優）
18 非常識を感じるための園芸／いとうせいこう（作家・クリエーター）
20 土までたどりつけば／UA（女性シンガー）
22 畑で過ごす人間らしい時間／MEGUMI（女優・バラエティタレント）
24 植物は生きている／水野美紀（女優）

Interview

26 土に種播くところから、社会を自給していく
ハッタケンタロー（種まき大作戦実行委員会 企画・運営責任）
神澤則生（種まき大作戦実行委員会 事務局長）

Prat 2 農人生に生きる

32 草・森・水・土・太陽を活かす農業／金子美登（霜里農場）
34 みやもと山からずっと／齋藤實（みやもと山）
36 食べられる土を作ろう／小泉英政（小泉循環農場）
38 食べることだけやっていれば幸せ／浅野祐海（自然農）
40 地域自給で得られる安息／佐藤忠吉（木次乳業）
42 種を守り続ける／岩崎政利（種の自然農園）
44 半分自給で、半分自由／藤本博正（鴨川自然王国）
46 当たり前のことをし続けるのが農業／戸澤藤彦（花咲農園）
48 舞台はコンクリートじゃなく、土の上／Yasu（自給自足的生活）
50 農業は全肯定できる仕事／山木幸介（三つ豆ファーム）
52 土が自分を自分らしくする／KAMMA（ Love&Rice Field）
54 土を汚さない、壊さない／伊藤幸蔵（米沢郷牧場グループ）
55 平和への貢献は、畑に薬を使わないこと／臼井太樹（水車むら農園）
56 食べるものを作る産業を大事に／富谷亜喜博（さんぶ野菜ネットワーク）
57 有機栽培の作物が普通に流通する世の中に／宇都宮俊文（無茶々園）
58 土が元気と勇気をくれた／伊川健一（健一自然農園）
59 田畑の声を拾いあげていく／井上時満（穀物菜食と自然体験の家 なかや）
60 自然と息を合わせたい／五日市保之（自給自足）

Part 3 半農半Xで生きる

62 田んぼのわ／なかじ（半農半蔵人・マクロビオティック料理家）
64 Heaven on Earth／エバレット・ブラウン（半農半フォトジャーナリスト）
66 自然破壊や戦争に加担しない農／森岡尚子（半農半アーティスト）
68 ぼくの畑は生き物で満ちている／デイヴィッド・デュバル=スミス（半農半グラフィック・デザイナー）
70 地球の声を聞き、土に還る／山川建夫（半農半フリーアナウンサー）
72 Be The Change／きくちゆみ（半農半著作・翻訳家、環境・平和活動家）
74 「医食農同源」をコンセプトに／波多野毅（半農半塾代表・食育エコロジスト）
76 自然のリズムを取り戻すとき／岡部賢二（半農半マクロビオティック指導者）
78 地球芸術～21世紀はすべての人がアーティスト／林良樹（半農半地球芸術家）
80 農はサスティナブルなつながりのこと／山内美陽子（半農半造園プランナー）
81 穀物が宝石のように思えてくる／馬場勇（半農半ブルワー）
82 料理と農は切り離せない／隅岡樹里（半農半カフェオーナー）

Part 4 農の流通に熱くなる

84 役割を認め合う世界に／藤田和芳（大地を守る会会長）
86 農の豊かさを伝えたい／高橋慶子（東京朝市アースデイマーケット実行委員）
88 幸せを拡げられる仕事／清水仁司（がいあプロジェクト代表）
90 土から信用される生き方／磯貝昌寛（こくさいや代表）
92 土は偉い／田中昭彦（関西よつ葉連絡会事務局長）
93 いのちを愛しむ心を養う／岸健二（コープ自然派リンクス代表取締役）
94 農業の原点を垣間見て／桜井芳明（わらべ村）
95 大地の愛に気づく／伊藤志歩（やさい暮らし）

96 種まきメッセージ

Part 5 農ライフでわくわく

100 買う人から作る人へのシフト／高坂勝＆早苗（Organic Bar）
101 太陽や大地の力を直に感じる／山田英知郎（MOMINOKI HOUSE）
102 農家じゃなくてもお米を作れる！／飯田雅子（棚田チャレンジボランティア）
103 食べ物は国内で自給、できれば自分で／木全史（新規就農準備中）
104 プランターが教えてくれた／山戸ユカ（cha.na料理教室）
105 畑で生き物を感じる喜び／畑口勇人（東京農大醸造科学科）
106 マンションでも植物は生きぬく／松澤亜希子（フォトグラファー）
107 おやじの会の農園ボランティア活動／石鍋明夫（風の谷工房代表）
108 農体験は、ぜんぜん疲れない！／土器屋桃子（築地市場勤務）
108 野菜に詰まる土のパワー／久保木真理（おかげさま農場）
109 生かされていることに気づく／仁平加奈子（就農準備校への通学）
109 畑では自分の方向が定まる／松田ゆり（玄米ごはんとお菓子の店「油揚げ」）

Epilogue

110 「土と平和」という新しいマインドセット／辻 信一（文化人類学者）

農哲学と恵み感受性ある世紀へ

文・塩見直紀（半農半X研究所代表）

土のある暮らし

隣町に住む伯母の家の裏山には、大きな柚子の木がある。実は熟すと斜面を転げ落ち、母屋のそばにある洗い場付近に集まる。いまは早く実をつける柚子もあるが、昔は植えた人が恩恵に預かることはなかった。柚子には子孫への想いがつまっている。

山里の秋の風景である柿が生っている姿を見ると、思い出すことがある。どんなにお腹が空いていても、生っている柿をすべて収穫せず、鳥たちのためにいくつか残すという先人のこだわりだ。そんなすてきな思想を知ってから、ぼくもそうするようになった。ぼくたちは、ついつい根こそぎ採ってしまったり、すべてを自分（人間）だけで独り占めしてしまったりする。そうではなく、鳥や虫などの友のために残すという行為はとってもすてきだし、次の世代に伝えていきたい農哲学、平和思想だと思う。

こんな話もある。奈良時代には、東大寺の僧・普照の提案で旅人の休息や飢えを防ぐため、各地の街道の両側に果樹が植えられたという。旅人のために果樹を植えるという思想！　ぼくたちに欠けているのは普照のこころだ。

『「百姓仕事」が自然をつくる』（築地書館、2001年）や『天地有情の農学』（コモンズ、2007年）の著者で、「農と自然の研究所」代表の宇根豊さんと縁あって、対談する機会を得たとき、宇根さんから、こんな話をうかがった。

「いまは“米づくり”と言うが、昔は作物を“つくる”とは言っていなかったのではないか。“育つ”“できる”と言っていたのでは」

ふと、ぼくは思った。最近は“子どもを授かる”と言わずに、“子どもをつくる”というようになっていることを。

「先人木を植えて、後人その下に憩う」。中国の古いことばだ。ぼくは、このことばをこの国の若者の間に流行らせたいと思っている。柿を取りつくさない思想や“授かる”ということばも、流行らせよう。遠慮とは、もともと遠い未来への配慮を意味するそうだ。土に触れ、たからもの（自然や天賦の才）をいっぱい授かっていることに気づき、遠慮のこころを取り戻せば、明るい未来はきっと招来できる。

半農半Xという道

古来、人は「晴耕雨読」を理想的な人生像とあこがれてきた。さまざまな問題群をかかえる現代においては、暮らしを小さくしつつ、使命を果たすという半農半X（エックス＝天職）がいいのではないかと思っている。このライフスタイルを12年ほど実践してきたいま、「（ぼくたちが生きるべき）道はどこにあるのか」と問われれば、「半農半Xという道がある」と自信をもって答えるだろう。

2003年に上梓した『半農半Xという生き方』を手にしてくれた人から、「半農半Xは理想的ではない、すこぶる現実的だ」という感想メールをいただいた。アースデイ東京の公式ガイドブックは、21世紀の推薦書として、拙著をこんなふうに紹介してくれた。

「半分農業して、半分は自分の道を追求するのもアリなんだ！と目からウロコな本。しかもそのライフスタイルこそが日本を救うかもしれないのだ！」

半農半Xということばは、ぼくたちが向かうべき2つの軸を示していると思う。ひとつは、人生において、持続可能な農のある小さな暮らしが大事という方向だ。もうひとつは、与えられた天与の才を世に活かすことは人生の、また社会の幸せという方向だ。座標軸においてみると、目指すところがよく見えてくる。「半農半X」とはわずか4文字だが、見る人が見れば、一瞬にして深く悟ることができることばなのかもしれない。

そして、半農半Xは都会でも可能なライフスタイルだ。1日の半分の時間を農にあてなさいというものではない。また、半農とは土地の広さをさすのではなく、小さな庭や屋上、ベランダ菜園や鉢植え栽培でもいい。土や他のいのちと触れ合う時間をもつことで、人間中心主義を超え、大事なものに気づくというのが、そのコンセプトである。

「農だけでは、天職だけでは、だめなのか。なぜ2つが要るのか」と問う人もいる。複雑な難問群を解決していくには、謙虚にベーシックなところを押さえながら、創造性と独自性をもって問題に挑む必要がある。農が天職を深め、天職が農を深めてくれる。双方が深め合う関係にあるようだ。私たちが残された難問を解決するには、2つが同時に必要ではないだろうか。

海を超えてのひろがり

2009年は半農半Xコンセプトの歴史において、大きな変化の年だった。小さな兆候かもしれないか、ぼくは大きな可能性を感じている。

1月に、タイに住む30代の女性から「タイで半農半Xをしたい」とメールが届いた。以前に取材を受けた雑誌がタイ語訳され、読んでくれたという。

2月には、中国の『成都客』という雑誌の編集者が「いま中国でも人びとは半農半Xを求めています」というメールをくれた。環境系でも農業系でもない雑誌に20ページにわたって大きく特集されたのだ。予想をはるかに超える本格的な特集だった。

3月には、台湾で発行された中国語訳『半農半X的生活』(天下遠見出版社、2006年)を読んだ台湾の馬祖という離島でまちづくりを行う住民30名が綾部まで視察に来た。そして7月、台湾の3カ所で講演の機会をいただく。とくにうれしかったのは、先住民族の方が、車で3～4時間もかけて仲間と聞きに来てくださったことだ。台北という大都会の住民から山岳地帯の少数民族まで、半農半Xというコンセプトはお役に立てるかもしれない。

8月、シンガポールの雑誌から、日本のNGO「ジャパン・フォー・サステナビリティ」によって英訳された半農半Xのレポートを転載したいと連絡があった。英語圏へも広がりを見せようとしているのだ。9月に入ると、韓国から「半農半Xというコンセプトは新しいビジョンを提示してくれそうです」とメールが届いた。

2つの自給力をもつ日本へ

幸せは「なる」ものではなく「気づく」もの、とよくいわれる。この地球に生まれたこと、豊かなこの日本に生まれたこと。不毛の大地ではなく、草も生い茂る日本の大地は恵みだらけだ。その恵みに気づけること。身近な幸せに気づけるかどうかがとても大切だ。

勇気を出して、小さな行動を起こし、継続していこう。シェアしていこう。道はシンプルだ。みんな必ず自分のXをもっている。周囲（家族や知人）のXも見つけ、応援しよう。鉢植えでもいいので、1粒でもいいので、種を播いていこう。食とXという「2つの自給力」をゆっくり高めていけばいい。

「半農半X」というコンセプトが生まれたとき、「新人生を展開すべし」とぼくの肩を押してくれたのは、生命学で有名な森岡正博さん（大阪府立大学教授）の「自分を棚上げにした思想は終わった」ということばだった。

自分を棚上げしない。ぼくたちに、いまこのことが問われているのだと思う。土とはいのちと同義だが、自分も汗をかき、手足を動かすこととも同義だ。根っこをしっかり張り、天与の才を独占せず、死蔵せず、創造性と想像性の翼を周囲の平和のために活かせばいい。

ときどき流されそうになることもあるだろう。そんなときは、バーナード・ショーのこのことばを田畑でかみしめよう。

「人は自分が置かれている立場を、すぐ状況のせいにするけれど、この世で成功するのは、立ち上がって自分の望む状況を探しに行く人、見つからなかったら作り出す人である」

起承転結の「起」とは、「己が走る」と書く。自分から変わり始める以外に道はないのだ。

哲学者の梅原猛さんは9・11事件の数カ月後、新聞にこう書かれていた。

「私は思想家として、目前のことに一喜一憂せず、(人間同士があらそうという)そういう日がこないように確固たる思想を用意しなければならないと思っている」

ぼくはときどき、このことばを思い出す。ぼくは思想家ではないけれど、これからも半農半Xという生き方を深め、伝えることに集中しようと思っている。

土から平和へ。あって当たり前のものとしてきた土と平和。ふたつのことばが出合ったとき、みんながそうであったように、ぼくのなかにも希望の光が差し込んできた。本書は、数ある農的な書のなかで、新たなる次元の到来と未来のビジョンを指し示す先駆的な1冊になるだろう。そんな予感がするのは、ぼくだけでないはずだ。

塩見直紀(しおみなおき)
1965年生まれ。半農半X研究所代表。1995年ごろから半農半Xというコンセプトを提唱。著書に『半農半Xという生き方』(ソニー・マガジンズ、2003年)、『綾部発 半農半Xな人生の歩き方88』(遊タイム出版、2007年)、共編著に『半農半Xの種を播く』(コモンズ、2007年)など。1996年から故郷・京都府綾部市で、田(1反[10a] は自給分、2反[20a]は1000本プロジェクト分)と畑(2反[20a]、和食の素材中心)の自給農を行う。

Part 1

土の上で幸せ

時代をリードする魅力的な人たちは、
いち早く土の大切さに気づき、大地に根づいた暮らしを始めました。
自給自足、ベランダ菜園、
農業体験、田んぼイベント開催など形はさまざまですが、
ライフスタイルに合ったやり方で、
土との出会いを大切にしています。

益戸育江

Ikue Masudo

女優

大地に足をつけるとき

私たちは、いつからか靴をはいて大地を歩いている。これでは、まったく大地の情報は私たちに入ってこない。そんなことをしみじみ感じさせてくれたのは、オーストラリアの先住民の血をひくビルという人に会ったときです。テレビのドキュメンタリー番組で、彼らが子どもたちに伝えていることを、私にもしてもらっていました。

彼らの聖地である森の中に行くと、まず靴を脱ぎ、大地を感じるところから始まります。森といっても、日本より乾燥している地帯。道中、トゲのある植物にも遭遇したりします。そのときの人間の様といったら、本当に情けない……。

日ごろ感じていない感覚が、足元からじわじわ伝わってきます。砂地、枯れ草の上、川のほとりを歩けば、また違う情報が足から入ってきます。先住民たちが裸足、裸に近いスタイルで生きていたのは、貧困からなどではないことが確信となる体験。理屈など入り込む余地がないほど、地球をダイレクトに感じられました。

砂浜や気持ちのいい草の上で、人は自然に靴を脱ぎたくなるのではないでしょうか。いまこそ、私たちは資本主義という靴を脱ぎ、肌で大地を感じることが大切な気がします。できれば、世界中の田んぼや畑がそんな行動を起こしたくなるような場所であってほしい。そしてそれは、その田畑の土がどんな土なのかにかかっていると思うのです。

自然農法の畑で、草の中に埋もれる野菜たち。でも、すこぶる元気で虫の被害もありません!!

お米は1本植えで、こんなにも分けつ（株が分かれること）が進みました。間もなく稲刈りです！

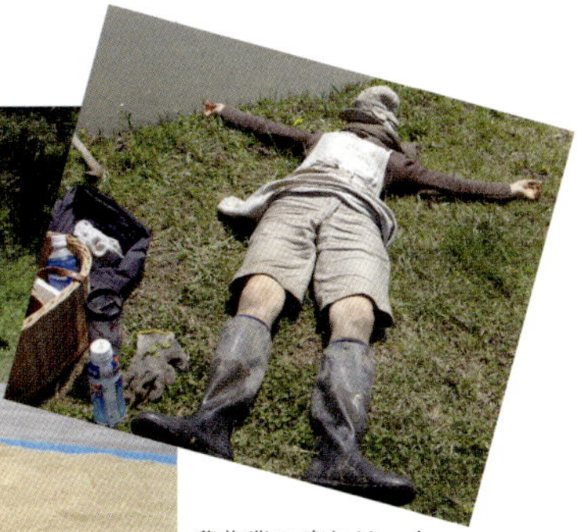

農作業の疲れは、大の字になってとる。

もみを天日に干しているところ。ヤッター！　初めてできたお米です。

私が土に関して「目から鱗」状態になったのは、赤峰勝人さんという方の『ニンジンから宇宙へ』（なずな出版、1996年）という本を読み、彼のところで勉強された方が営む千葉県栗源（くりもと）町（現在は香取市）の自然農園の畑を見たときのことです。草や虫や菌類が一生懸命働いて大地を浄化し、土を作ってくれているということを知ったとき、私は完全に立ち止まり、大地を見つめ直しました。

化学肥料をまき、除草をし、防虫をしている畑は、砂漠のように静かです。それに比べて自然農法の畑は、何かが密集しているのを感じました。土の中の微生物、虫たち、草に集められる水滴たちのきらめき。そこにはたくさんの命が集まり、乱舞しているのです。そして、その畑で喜びを分かち合いながら仕事をする若い女の子たち……。本当に美しい風景でした。

いま私たちは資本主義という靴を脱ぎ、いま一度大地に足をつけて立ち止まるときではないかと思います。

益戸育江（ますどいくえ）
1963年生まれ。女優、フリーダイバー、ドリームクリエイター。旧芸名は、高樹沙耶。2007年に、拠点を千葉県南房総市に移し、地球に優しい家を建て、自給自足生活を始める。2009年、自宅近くに土壁のギャラリー＆イベントスペース「風流」をオープンさせる。現在、田んぼ1反半（15a）、畑7畝（7a）で、自然農を楽しんでいる。
風流のHP　http://www.furyu-awa.com/

撮影（畑と稲、田んぼ）／益戸育江

白井貴子

Takako Shirai

シンガーソングライター

土は神様

畑にいるときの私は、実に忙しい。生まれたてのベビーのような野菜に出会うと、「かわいい!」って言うだけではすまないから。写真を撮らければばならないし、それをパソコンにとりこまなければならない。コメントだって書かなければならないし、夫を呼んで、野菜たちの世話をする私を撮ってもらったりもしなければならない。

縁あって南伊豆の森を購入し、1カ月の半分くらいをそこで過ごしています。あるとき、間伐した木でフェンスなどを作り、残りをチップにして土の

わが家では、音楽を作るように野菜も長年の相棒ギタリストの本田君といっしょに育てています！しばし無言の畑作業。でも、黙々とハッピーな時間です！

初めて自分で育てたトマトの味は格別でした！ でも、本当は何もしてない。地球が創ってくれたんです。

「自分の力を未来の子どもたちへ！」。そんな思いで、クレイジーボーイズと神奈川県の地元高校生バンド（当時）『サラダ』のみんなとのコラボでした。私の甥っ子ギタリスト岬も頑張りました！

上にばらまいておきました。何カ月かしたらそこからホクホクと湯気が立ち始め、思いがけずあたり一面腐葉土に。「これは、畑をやらなきゃもったいない」と感じて、始めることになりました。

畑の土から野菜が生えてくる様は、都会でロックをしてきた私の目には、驚異的に映ります。なぜ芽が出るのか、なぜ成長するのかが、不思議でなりません。その姿を見ていると、「土は神様かもしれない」とさえ思えてきます。そこから芽が出てくる一刻一刻が、すごいことだと思うからです。

人は食べ物を食べなければ生きていけません。その食べ物を私たちはどこからもらっているのかといえば、土からです。つまり、自分の命イコール土であり、地球であるというわけです。そこに愛情をかけるのは、人間が生きていくうえでの基本だと思います。

私たちは、そこを切り離してこれまで生きてきてしまいました。その結果、田んぼも畑も荒れ地が増え、人びとの心もすさみ、考えられないような異常な事件が起こるようになったのです。

だからそこをもう一回耕して、自分を作り直すつもりでみんなが生き直したときに、もう少しましな世の中になるのではないでしょうか。そして、それが平和につながるのではないでしょうか。

白井貴子（しらいたかこ）
1959年生まれ。シンガーソングライター。「CHANCE」のヒットから女性ポップ・ロックシンガーの先駆者的存在に。20代後半より環境を意識し始め、以来多くの環境活動に携わる。2007年、神奈川県初の環境大使、および環境省「3R推進マイスター」に就任。現在、環境問題と国際協力のイベントやシンポジウムに多数参加している。南伊豆の森のなかの畑は、約1反（10a）。
HP　http://www.takako-shirai.jp

撮影（作物）／白井貴子　撮影（畑）／富田寿一朗　撮影（ステージ）／西山奈々子

永島敏行

Toshiyuki Nagashima

俳優

泥が生き物や子どもを育む

泥まみれになって子どもを遊ばせたい。現在大学生になる娘が歩みを始めたころ、私が思ったことです。

東京に住む私が子どもをもったときに感じたのは、東京では土が人の生活から遠くなったということ。昭和30年代に東京湾沿岸の千葉市で生まれた私は、海や田園地帯が遊び場でした。体全体で、海や土と戯れて育ちました。ところが、娘が育つのはコンクリートに囲まれた環境。たとえ土のある公園に行っても、規制があって、思い切り泥まみれになって遊ぶことは難しい。土があったとしても、命を育む力をもたない土でした。

泥まみれで遊ばせるなら、親がその環境に連れていくしかない。それが米作り体験を、大学時代の野球部の友人に頼んで、秋田で始めたきっかけのひとつです。

3歳だった娘は、田んぼに入ったときから泥が友達になりました。泥を体に刷り込むようにして遊び、泥と戯れる喜びを小さな体全体で表す。農作業には邪魔でしたが、娘の泥まみれの姿を見るとホッとしました。

いまも私は千葉県の成田市や芝山町で、たくさんの子どもたちと野菜や米作りを行っています。子どもたちはすぐに飽きるので、農作業の手伝いは期待できませんが、年の差がある子どもたちが群れて泥だらけになって遊んでいる姿を見るのが好きです。

永島さんを実行委員長とする青空市場は、生産者と消費者の架け橋となる場を目指しています。

千葉県成田市の田んぼで稲刈り。束ねるのもお手の物。

成田の田んぼで田植え。みんな、上手に植えているかな。

成田市芝山の畑で。順調に育ってます。

先日佐渡島へ、2008年に放鳥されたトキの取材に行ってきました。

トキが生きていくには、自力でドジョウやカエル、タニシなどの餌をとらなくてはなりません。佐渡の人たちは、人里で生きるトキが自力で暮らせるように、多くの生き物が生きられる田んぼ作りに取り組んでいました。コンクリートではない昔ながらの土の水路を作り、農薬なども減らして小動物が当たり前に生きられる環境を作っていました。泥が多くの生き物を育んでいきます。

トキの保護活動は、東京に住んでいる私が何をしたらいいのかを考えるきっかけになりました。多くの生き物たちが生きる泥のある環境や、海の浜のある環境の維持や復活に取り組むことの大切さを改めて佐渡で教えられました。そして、この環境はトキや小動物に限らず、子ども、いや人間にとっても不可欠なのです。

永島敏行（ながしまとしゆき）
1956年生まれ。俳優。映画、テレビ、ラジオ、舞台と幅広く活動。1993年より、秋田県十文字町（現在は横手市）で友人らと米作りをする。1995年に、千葉県成田市で米作り教室を始め、2005年より生産者と消費者の交流の場「青空市場」を主催。NHK「産地発！たべもの一直線」の司会を務める。
青空市場のHP　http://www.aozora-ichiba.co.jp/

いとうせいこう

Seikou Ito

作家・クリエーター

非常識を感じるための園芸

ベランダ園芸を始めて、もう15年以上になる。植物にとっての生死が人間のそれとまったくコンセプトを異にしている事実を、私は毎春、 毎夏、毎秋、毎冬、思い知らされてきた。

そもそも冬に枯れて、春に復活するとはなんだ。あるいは、わずか数日で一気に花を開かせる速度の急激さとはなんだ。人間は一度死んだら終わりだし、体の一部を唐突に開かせたりはしないのである。

したがって、私は植物を癒しという言葉で語らない。それは植物に人間を投影した場合の心理変化にすぎないのだ。むしろ、私は植物を完全な異物ととらえてきたし、ゆえにこそその生命システムの、われわれとの圧倒的な違いに驚嘆し続ける。

自宅マンションのベランダで育つあんず、オリーブ、じゃがいも、 ハーブなどの前で。
手にしているのは、自家製あんず酒。あんずはもちろんベランダ産。

葉の状態悪化のために、早めにポット
から収穫してしまったじゃがいもたち。

早速、じゃがいもとアボカドのサラダ
を作って食べた。美味でした。

自分の園芸ではほぼ一貫して、花が咲くもの、実のなるものを育ててきた。開花前に収穫すべきハーブでも、私は花が見たくなる。大根や人参を切った残りの部分を水耕栽培して育て、葉や花を楽しむこともある。

なぜなら、私は植物の非常識な力を感じたいからだ。花は人間にない組織であり、実も子どもが産まれるのとは違う。その差異に刺激され、私はひるがえって人間の命のことを考えざるをえない。

弱い生命、人間。花をもたず、根も張らずに移動して食べ物を得る人間。一度傷つくと植物のようには再生しない体をもつ人間。

むろん、それは同時に、植物の弱さを考えることにもなるから、私はベランダ園芸のなかで、異なるシステムをもつ生命同士の常識と非常識の間を揺れ動くことになる。

一方には常識でも、もう一方には非常識であると知ること。そして、その両端を想像上で行き来すること。つまりそれは、「争わなさ」のための実践である。すなわち平和の。

植物と人間との長いつきあい、たとえば農文化とは、まさにこの「争わなさ」のための実践だったのではなかろうか。

いとうせいこう
1961年生まれ。作家・クリエーターとして、活字、映像、舞台、音楽、NEWメディアなどあらゆるジャンルにわたり、幅広い表現活動を行っている。著書にWEB上で綴った植物観察日記をまとめた『ボタニカルライフ』(新潮社、2004年)、『自己流園芸ベランダ派』(毎日新聞社、2006年)、『ノーライフキング』(河出書房新社、2008年)など多数、CDアルバムに「MESS/AGE」などがある。1994年から自宅マンションのベランダで植物を育てるようになり、現在は60鉢にもなる。自称ベランダー。
HP　www.cubeinc.co.jp/ito/

UA

UA

女性シンガー

土までたどりつけば

田んぼや畑にいると、何も考えられなくなる。単純な農作業をしていると、目の前の地面の世界に没頭していくから。そうやって瞑想的になるのが好きだ。土にふれると体がリラックスしてきて、頭はゆるみ、思考できなくなる。だんだん、ボーッとしてくる。それがいい。

同時に、体は確実にデトックスしている、とわかる。そして、エネルギーが勝手に、足から手から入ってくるのもわかる。ごく当たり前のことだけれど、これがかなりうれしい。

農に出会ったのは５年前の2004年。友人から自然農の話を聞き、不耕起の農園を見学に行ってショックを受けた。その後田んぼ作りのグループに入り、さらに３家族で田んぼを始め、庭と家から３分のところに畑も始めた。畑は夫がメインだが、田植えや稲刈りには必ず行く。一粒が千粒になる、それは宇宙的な感覚。

庭の畑。かぼちゃがすごい勢いで伸びます。手前はえごま。

歌手活動が主なので、土の上にいる時間は十分にとれないが、音楽にも影響している。

3家族といっしょに作っている田んぼ。鳥よけネットをかけている。

みんなで行う田植えには、毎年参加する。ひたすら手植えをしていくときは、瞑想的。

でも、多くの人は土にいたるまでが遠い。だから、先に「アスファルトから土へ」が必要なのかもしれない。

日本人は頭がよくて、よく働いて、資本主義の社会を作って、気がついたら自分たちの土を売っていた。それはイコール、ソウルを売ったということ。自分たちの食べ物を自分たちで作っていたら、間違いがなかっただろうに……。

けれど、土までたどりつけば早い。20代の人たちと話す機会があると、そう感じる。彼らは選んでいるのだ。モノが主流だった時代に育ち、選択の余地がなかった私たちの世代とは、まったく違う。変化が始まっていることを、感じさせてくれる。

土と離れて頭で考えていると、いろいろなことが不安になるけれど、土の上にいると、頭で考えない分、自然な感覚を取り戻せる。私たちの未来には光があると、確信をもてる。

UA
1972年生まれ。日本を代表する実力派女性シンガー。独特のハスキーボイスで、あらゆるジャンルのサウンドを独自に昇華させた音楽を歌う。一男一女の母。新アルバム「ATTA」では、長女が笑い声で出演。神奈川県の小高い山の上の集落に居を構え、畑は庭で2畝(2a)弱、家から車で3分のところで4畝(4a)、田んぼは3家族で8畝(8a)を作っている。
HP　www.uauaua.jp/

聞き手／吉度日央里　撮影(人物)／TAIJU

MEGUMI

MEGUMI

女優・バラエティタレント

畑で過ごす人間らしい時間

親になって思ったこと。「東京で生まれて東京で育つこの子に、土にふれる機会を与えたい」。そんな思いから、「FREMAGA（フリマガ）農業部」は始まりました。「FREMAGA」は、私が責任編集を務めるフリーマガジンで、農業部の発足は2009年5月。活動場所には、千葉県の「さんぶ野菜ネットワーク」（56ページ参照）の槍木（うつぎ）康直さんの畑をお借りしています。

2007年ごろから、食材にはこだわるようになっていて、無農薬のものを通販で求めたり、自然食品店で買ったりはしていたけれど、畑で野菜を作るのは初めてです。自分が植えたものが成長し、それを収穫できたのは感慨がありましたが、大きくなりすぎたり、成長が悪かったり……。途中でうどんこ病※にかかったものや、雨の影響でダメになったものもあり、「作物を作るのって、簡単なことじゃないんだな」と思いました。

そんなふうに少しでも農家さんの苦労や悩みを知ったことで、食事に対する姿勢が変わってきました。まず、食べ物を残せなくなりました。これまでも「いただきます」は言っていたわけですが、いまは心の底から「いただきます」と言って食べています。

こうやって日々の食べ方が変わると、食事がより楽しいものになり、体に

農業部20～30人で畑に。タレントやモデルさんたちも、夏野菜を収穫。

草取りは、農業の大変さが
身にしみる作業です。

大豆の種まき、初体験。
夏には枝豆になるはず!

憧れの軽トラの荷台に、
大きくなったきゅうり
たちと乗ってみました。

活力もわいてきて、生活全体が明るいものになってきました。これは、土からもたらされた一つの平和ですね。

畑に行く日は朝が早いために寝不足で、子育てや仕事の疲れもたまっていると、着いた頃にはもうヘトヘト、なんてことにもなりがち。でも、土にふれると、自然と疲れがとれてきます。気持ちが曇っているときでも、いつのまにか晴れてくるのです。

畑にいる間は、家族とのんびりする時間にもなります。東京に住んでいると、やることが多すぎて、ボーッとする時間ももてません。でも、畑ではゆったりでき、会話がなくてもわかりあえるようになっていきます。

食の大切さに気づくだけでなく、人間らしく心から休める時間をもてるというのも、畑に行くことの大きなメリット。土から得たもう一つの平和です。

※うどんこ病とは、野菜や麦の病気。葉や茎がうどん粉をかけたように白くなる。

MEGUMI（めぐみ）
1981年生まれ。女優・バラエティタレント・歌手。「Dragon　Ash」の降谷建志氏と結婚し、2009年2月に男児を出産。9月に、子ども服ブランド「CALMA」を立ち上げた。2007年より無料フリーペーパー「FREMAGA」の責任編集を担当し、09年5月より農業部を結成。千葉県山武市の畑を借りて活動中。
「FREMAGA」のHP　http://fremaga.net/
「CALMA」のHP　http://www.calmakids.jp/

聞き手／吉度日央里

水野美紀

Miki Mizuno

女優

植物は生きている

仕事柄、映画のロケや舞台の地方公演などで、何日も家を空けることが多い私。昔から何度も、ちょっとした観葉植物を家で育てたいと思いながらも、躊躇していた。

ある日、「サボテンなら、ちょっとやそっとで枯れないから」とサボテンをプレゼントされたものの、案外短期間で枯れてしまって愕然とした。自分のせいで枯れてしまったサボテンを見たとき、胸が痛んだ。

植物は生きている。家の中に置いたり飾ったりしてあるどんな作り物とも違って、そのサボテンは確実に「生きている」ものの存在感を放っていた。私はそれを「殺した」のだ。子どもの頃に飼っていた金魚が死んでいるのを発見したときと同じくらいの、動揺と罪悪感があった。それ以来、しばらく私は植物を遠ざけていた。

あるとき、ご縁があって千葉のブラウンズフィールド（マクロビオティック料理家の中島デコさん夫妻が主宰）の田植えを手伝った。近所の人たちも集まって、

本格装備で田んぼに出ます。趣味のカメラは、はずせません。

田植えの準備で最初にやることは、かえるの卵を避難させること。ブラウンズフィールドが借りている田んぼで。

ベランダに、少しずつ
増やしている鉢です。

ぐんぐん育ってのびる
ミント。

友人からプレゼントされたミントの
鉢と。なんと、カクテルにのってい
たミントを持ち帰って、ここまでに
したという。

大勢での作業。田植えなんて、小学校以来だ。

裸足になって田んぼに足を踏み入れると、足の指の間に泥がにゅるっと入り込む。「地球のマッサージ」と言いながら泥を踏みしめ、田植えを終えると、感じたことのない気持ちのいい充実感。そこに来ていた誰もが、童心に戻ったように泥だらけで笑っていた。農耕民族のDNAが騒ぐのか。作物を植え、育てるというシンプルな作業に、人は癒されるものなのかもしれない。

東京に戻り、私はまず小さな観葉植物を一つ買って、植物に詳しい友人のアドバイスを仰ぎながら育てることにした。毎朝、状態を見ながら水をやる。その行為で気持ちがうるおう。観葉植物は、新芽を出し、驚くほどのスピードで、みるみる葉を増やしていく。その姿はとても力強くて、驚かされる。生きているのだ。確実に。

いまでは食用のハーブなども加わって、育てる植物の種類も増え、子どもの成長を見守る親のような気分で育てている。成長して鉢が小さくなり、大き目の鉢に植え替えるときなど、幼稚園から小学校に入学させる気分だ。

植物との生活は、シンプルな喜びを与え、心の平和をもたらしてくれる。これからも、大切に育てていきたい。

水野美紀(みずのみき)
1974年生まれ。女優。舞台、映画、ドラマ、執筆など、幅広く活躍している。2007年、演劇ユニット「プロペラ犬」を作家楠野一郎氏と立ち上げる。2009年9月には、蜷川幸雄氏演出の翻訳劇「コースト・オブ・ユートピア」に出演。自宅では、室内やベランダで、観葉植物のほかに、ハーブや二十日大根などを育てている。著書に、『ドロップ・ボックス』(集英社、2005年)、『プロペラ犬の育て方』(創英社、2008年、共著)がある。
公式HP　http://www.mikimizuno.com/

撮影(植物)／水野美紀　撮影(人物)／松澤亜希子

土に種播くところから、社会を自給していく

**「農的幸福＝土と平和」というキーワードのもと、
前代未聞の「農」ムーブメント「種まき大作戦」が2007年に始まりました。
そして、「大地に感謝する収穫祭」というコンセプトで、
農を切り口に地球環境と平和をメインテーマにしたイベント
「土と平和の祭典」を、毎年秋に開催しています。
この本を企画するきっかけとなった、この活動の仕掛け人であり、
推進者のおふたりにお話をうかがいました。**

ハッタケンタロー（種まき大作戦実行委員会 企画・運営責任）
神澤則生（種まき大作戦実行委員会 事務局長／NPO法人トージバ 事務局長）
聞き手／吉度日央里（種まき大作戦・出版部門担当）

土には、やっぱり種を播かないと

吉度：「種まき大作戦」の説明から、うかがいたいのですが。

ハッタ：「始める自給」っていうのがひとつの合い言葉になって、「種まき大作戦」という形になっているんですね。一人ひとりが種を播くことで、社会が変わるっていうコンセプトのもとに行うアクションなんです。自給というのは、自立していくということ。ぼくたちが食べる物を作っていくことで、ライフスタイルも変わっていくわけですから。つまり、食べ物を作ることがきっかけとなって、ゆくゆくは社会も自給していこうと。

現在、種まき大作戦では、いろんなイベントをしています。どなたでも気軽に参加できる「始める自給！チャレンジと」というプログラムでは、お米を作る「棚田チャレンジ」や、大豆を作って味噌にする「手前味噌チャレンジ」。これらは、自分たちの食べる分だけを作ることが目的ではない。4月のアースデイ東京※や、種まき大作戦が主催する「土と平和の祭典」に向けて、「イベント内食糧自給力UP」をコンセプトに、みんなが会場で食べる分をみんなで作ってシェアしようと、1年がかりで米や大豆、味噌を作っているんです。

2009年には、田植えからお酒の仕込みまで行う「自然酒チャレンジ」を始めました。このプログラムは、自然酒の蔵元・寺田本家さんといっしょに進めています。来年のアースデイは、始まってちょうど40周年。自分たちが自給した自然酒を祝い酒としてふるまう予定で、いまから完成が楽しみ！

吉度：実は、種まき大作戦の前に、土と平和の祭典の構想が先にあったそうですね。

ハッタ：そうですね。初めは、「農」をテーマにイベントしようと考えてたんです。歌手の加藤登紀子さんと、次女のYaeさんといっしょに。というのも、藤本敏夫さん※が亡くなって5年ということもあり、さらに2007年はちょうど団塊の世代

が大量に定年を迎え、「帰郷」や「帰農」「田舎暮らし」などがキーワードになるだろう、ということろでした。団塊世代の時代性と、その息子・娘世代である団塊ジュニアのライフスタイルが、「農」というキーワードで世代を超えてくくれるのではないかと思ったわけです。

それで、その「農」イベントに向けて、主旨に沿うものを同時にやっていこうと考えました。ボクらは打ち水大作戦※や天ぷら油大作戦※に携わってきたので、安易なんだけど、すごくまじめに「種まこう！と呼びかける種まき大作戦で」(笑)みたいな話になって。

吉度：その流れで大作戦って言う言葉が出てきた……。

ハッタ：大作戦っていう言葉は、親しみやすいじゃないですか。「プロジェクト」って言葉みたいに、かっこつけてないし。みんなでやるぞっていう感じになるでしょう。

吉度：「土と平和」というのは、どういうところから出てきた言葉？

ハッタ：2005年の年末、土と平和をキーワードにしてイベントをやらないかという話が立ち消えになって、そのキーワードがぽつんと残されたままになっていたんですね。でも、ずっと気にかかっていて……。「農」イベントをやるぞ！と考えたとき、藤本さんが言っていた「農的幸福」をふと思いついて、幸福の形って平和だなあと思ったわけです。「農的幸福…そうかと土と平和だ！」って、ここでピンときたんですよ。

神澤：何か始めるとき、最初のうちは割とあやふやなんだけど、とにかく初めに土と平和っていうキーワードがあって、だんだん整理されていった。土にはやっぱり種を播かないとダメだよねって、種まき大作戦っていう次のひらめきがでてくるんだよね。

ハッタ：そう、土と平和の祭典っていうだけじゃあ成立しないと思ったんですよ。何かアクションを起こさないと、土は土のままだし。

農家と交流する都会の収穫祭

吉度：2007年の初回の内容を具体的に説明してください。

神澤：まず、コンサートがあった。加藤登紀子さんをはじめ、Yaeさんやスーザン・オズボーンさん、サヨコオトナラや朝崎郁恵さんなど、かなり豪華な顔ぶれです。ステージでのトークタイムでは、半農半Xの提唱者の塩見直紀さんにも出ていただいて、その新しいライフスタイルについて興味深いお話が聞けるようにしました。そして、農家市場。全国から60人もの農家の人と生産者の方たちに集まっていただいたブースを展開しました。そのとき決まりにしたのは、生産者が直接会場に来て、収穫した野菜や加工品を販売し、活動を紹介したりするということです。

ハッタ：顔の見える関係っていうのが、重要なんですね。都市生活では正直言って、どこの誰が作ったものかわからないっていうのが現状じゃないですか。
神澤：だから、その日は農家さんとの直接交流ができるようにして、生産者も消費者も垣根を越えて1日楽しめる農の祭典といった感じにしました。さらに、ここに来たら、いまの日本の農がわかるという場所にもしたかった。来た人たちが、それぞれいろいろな判断をして、次のアクションを起こしていくきっかけになってくれればいいなあって思って。
ハッタ：全国から農家さんが集まるイベントは、大きな会場で展示会みたいな形はあったかもしれないけれど、音楽といっしょに楽しむっていうエンターテインメントという形では、これまでたぶんなかったんじゃないかな。
吉度：たしかに、音楽と農というのはなかったかもしれない。
ハッタ：リズムであるところの音楽と、シェアするところの食事。音楽と食事のあるイベントって、最高の形だと思います。農村地域でいえば、各地域のお祭りは音楽とともに食事がある伝統的な風景で、それが収穫祭だったりする。そういう場を都会に作れるっていうのは、非常に有意義だと思いました。
吉度：2年目の2008年は、いかがでしたか？
ハッタ：ぼくらが2年目の祭典をやるって決めたときに、登紀子さんが「あなたたち、2年目もやってくれるの？　あ〜、よかった」って言われましたねぇ。すごく大変だったのが、見えてたんでしょうね。でも、2007年の祭典の結果かどうかわかりませんが、そのあとダダダッと食の安全性や自給率の問題と農業がクローズアップされたんですよね。
ハッタ：2007年のときは、協賛をもらうために企業に説明に行っても、「いや〜、木を植えるのはエコだけど、農業はねえ。ちょっと」という反応だったんです。それが、2008年には確実に世の中が変わってましたね。
吉度：たった1年で？　そんなに違った？
ハッタ：土と平和の祭典以降、農業に対して世の中全体の意識がすごく変わったと思います。日比谷公園で規模を大きくしてやろうっていうことにもなったし、人びとが農に対して関心を寄せ始めてきた。だから、ぼくたちが「始める自給」「田んぼをやろう」と呼びかけたとき、それまで農業体験したことなかった多くの若者が参加したんだと思います。その仲間といっしょに、できたお米をおむすびにして、出演者やスタッフで食べてもらえた。1年目はかなわなかったけど、2年目ではリアルに収穫祭ができて、とてもうれしかったですね。まさに大作戦の実感。おむすびは「うまい」と大好評で、農家さんの「作る喜び」をちょっぴり共有できた。
吉度：そして、2009年は3回目。
ハッタ：3年っていうと、「石の上にも3年」っていうじゃないですか。
神澤：土の上にも3年。
ハッタ：土の上にも？　そうだね。3年目の2009年という年は、都会から農村への逆流の節目だと思います。時代の転換期ですよ。かつて人びとは田舎から都市へ流れ、物にあふれた経済的豊かさを求めてきたわけですが、最終的には買いたいものがなくなって、金そのものが目標であり、豊かさの基準になった。でも、次の社会は都会から農村へという流れになります。

最近はマクロビオティック(玄米菜食)もブームですが、昔もいまも本来の農村には安心・安全・幸せ・健康な暮らしが普通にあると思うんです。それなのに、歴史の教科書は、農民はこんなにつらい、農民はこんなに悲惨だったって書いてある。だから、教科書を作り直さなきゃいけない。昔の農的な暮らしがいかに豊かだったかっていう内容に。そこにはおいしいものと歌と踊りがあったのだから、豊かに決まってるじゃんって思うわけですよ。

ですから「次の社会は、農村へ!」。これを目に見える形でエンターテインメントしていくことが、3年目の土と平和の祭典では非常に重要になる。

人間と時間と空間の間に土を、自然を!

吉度:この本のテーマの「土から平和へ」というところで、おふたりが伝えたいことは?

神澤:いまの世の中って、すごいスピードを追い求めるじゃないですか。最近またパソコンを新しくしたんですけど、もう、ひたすら速くして速くして、進化し続けているんですよね。いろいろ新しいアイテムも出て、どこでも仕事ができちゃうようになって。

ハッタ:ホント、そうですよね。

神澤:ぼくの職業のデザインの世界って、昔は徹夜して線引いてたのが、パソコンでやるようになったら手作業がどんどんなくなっていった。写植屋さんとか製版屋さんとか、間の仕事がなくなったんですよ。デザイナーが機械を買って全部やる。そして、ひたすら忙しい。移動中も仕事をするようになっちゃって、常に仕事をやっている。

ハッタ:できるようになっちゃたからね。

神澤:かつての仕事の仕方とはペースがぜんぜん違う。一方、土を考えると、種を播いて育てていくというのは、そのペースがずっと変わらないじゃないですか。もう何千年も。四季のサイクルのなかで、自然の営みで行われていることだから。

あの高度成長期に集団就職で都市に流れ込んできた人たちは、スピードや効率を求めて、成長というのか進化というのかわからないけれども、常に先と上を見てきた。その人たちが、結局は「土が大切だった」っていうところに戻っていくというのは、当然の流れなのかなって気がするんです。10人に1人はうつ病って診断されるといわれ、3万人が自殺してるいまの世の中って、戦争してるのと変わんない。毎日戦争しているようなものだと思いますよ、都会は。

ハッタ:藤本さんが「最終的に残るものは時間と空間だ」って言ってたけど、この

「間」っていう字あるじゃない。人間っていう言葉にも、間がありますよね。人間と空間と時間。要するに、人、空、時って書いて線でつなぐと、三角になる。この三角の大きさやバランスのとり方、つまり間のとり方って、非常に重要だなって最近思う。スピードや効率なんて求めると、この三角がすごく小さいんだな。だから、すぐいっぱいになって、あふれちゃって、追いまくられちゃうんだと思うんですよ。次に行かなきゃいけない、次に行かなきゃいけないって……。

ぼく自身、都会での生活も反省して考えると、そこの間に土とか自然とかがあるといいんじゃないかと思うんです。ストレスでやられちゃう人って、人間関係が非常に混雑しているんじゃないかな。でも、自然のなかに行って広いスペースをとれば、物理的に離れるじゃないですか。すると、人間関係のわずらわしさから解放されるだけじゃなく、離れた距離の分、相手のことも自分のことも冷静に考える余裕ができる。そういった間のバランスをとるためにも、農村や農作業などの息抜きって、とてもいいと思う。

吉度：なるほどぉ。

ハッタ：間、つまりスペースを広げれば広げるほど、ゆとりができる。それが、平和っていうものじゃない？　だって、そのほうが平らで、和やかですから。

神澤：それに、なんたって、みんなで種まくんだから、スペースが必要だよね！

※藤本敏夫氏（ふじもととしお、1944～2002）さんは、有機農法実践家で、大地を守る会の初代会長。学生運動指導者のときに、歌手の加藤登紀子さんと結婚する。次女は種まき大作戦の実行委員長であり、半農半歌手のYaeさん。

※アースデイは毎年4月22日。1970年に「地球の日」として全米各地に広がった環境ムーブメント。現在、地球フェスティバルとして、世界各国でさまざまな環境イベントが催されている。東京では2009年、代々木公園を中心に14万人の来場者を記録した。

※打ち水大作戦は、決められた時間にみんなでいっせいに水を撒いて、真夏の気温を下げたり、電力エネルギーの節約などをはかるアクション。

※てんぷら油大作戦は、使用済みの天ぷら油を回収して、発電用のエコ燃料「バイオディーゼル燃料」にしていくプロジェクト。

ハッタケンタロー（種まき大作戦実行委員会 企画・運営責任）
1969年、京浜工業地帯生まれ。“エコアクションをメジャーゲームに！”をコンセプトに、打ち水大作戦、東京油田開発、アースデイマーケット、種まき大作戦など、多くのエコムーブメントを立ち上げ、その運営に関わる。また、文化放送の環境コーナー『グリーンワークス』（毎週土曜日朝）のパーソナリティー。

神澤則生（種まき大作戦実行委員会 事務局長／NPO法人トージバ 事務局長）
1966年、東京都清瀬市生まれ。食と農、都市と農村をつなぐをテーマに、さまざまなイベントの企画運営からデザインを手がける。本業はグラフィックデザインと食品販売の一粒合同会社の共同代表。

Part 2

農人生に生きる

額に汗して、田んぼや畑で働く人たちは、
お米や野菜を食べる人たちへの愛にあふれています。
自ら耕す農地と土を大切にして、暮らしていました。
そして、日々いのちを肌で感じているからこそ、
地域と地球を守りたいと心から思うのです。

金子美登

Yoshinori Kaneko

霜里農場

草・森・水・土・太陽を活かす農業

平和の「和」とは元々「禾（のぎへん）」ですが、これは穀物のことを意味します。どの国でも、どの地域でも、穀物がたくさん穫れて、多くの人の口に入る。簡単に言ってしまえば、それが平和なのだと思います。そのためには、各国がそれぞれの風土を活かして、まず自給する体制を作ること。安心、安全な食べものを作ること。とくに、基本は穀物ですね。

そうさせないような仕組みがあるから、いま、いろいろなことが変になっているわけです。農業を基盤にして組み立てれば、おかしな世界にはなりません。これまで、工業を軸に金と効率と生産性だけでいいと言ってやってきたために、こういう社会になってしまったのですから。

私の場合は、1971年に化石燃料や鉱物的資源に頼る工業化社会は終わりだと直感し、「これからは身近にある草・森・水・土・太陽を活かし、永続循環する農業だ!」と考え、有機農業を始めました。

なかでも土は、私にとって宝物です。人間の健康は、土の健康に左右されます。とくに、腐葉土は有機農業の原点。腐葉土の貯金をもてばもつほど、

田畑が1haあれば、畔草や畑の草で牛1頭を飼えます。

熟成した腐葉土は、宝物のよう。

畑は山を望み、敷地内に小川もある静かな環境。

左／糞尿などを利用したバイオガスで、メタンガスと液体堆肥を得ます。
右／太陽エネルギーは、発電に換えます。

田んぼには合鴨を入れて、草を食べてもらっています。

有機農業はうまくまわっていくので。

うちの腐葉土は、落ち葉が8割で、籾殻（もみがら）と米ぬか、肥えた土のミックスが2割。これを混ぜて置いておき、2～3週間に1度切り返します。それを3回繰り返すと、上がっていた材料の温度が40度くらいに下がってくるので、あとは1年おいて熟成させます。腐葉土に使う落ち葉は、広葉樹の葉。だから、手が入っていない針葉樹の森を、栗など食べられる実がなる広葉樹や景観のいいもみじなどに植え替えています。

日本に欠落している視点は、この山林です。国土の7割が山林なのに、それをまったく活かしていません。これからの50年は、石油のあるうちに、戦後の逆をやって、治山治水に力を注ぐのがいちばん大事です。

鳥たちが翼をひろげて飛び交い、イノシシやシカも戻り、やがて可食果実が河原の石のごとくポロポロと落ちるとき、人も動物もすべてがイキイキと生き残るときが始まると思います。

金子美登（かねこよしのり）
1948年生まれ。埼玉県小川町で霜里農場を営み、化学肥料・農薬・工業が作ったものに依存せず、 身近にある資源（バイオマス・風・太陽）を生かして、 食べ物だけでなくエネルギーもほとんど自給している。田んぼと畑は、それぞれ1.5町歩（1.5ha）、山林は2.8町歩（2.8ha）。著書に『絵とき金子さんちの有機家庭菜園』（家の光協会、2003年）、『有機・無農薬でできるはじめての家庭菜園』（成美堂出版、2008年）などがある。
霜里農場のHP　http://www.shimosato-farm.com/

聞き手／吉度日央里　撮影／田中利昌

齋藤 實

Minoru Saito

みやもと山

みやもと山からずっと

世界中どこでも緑のあるところ、農民が住んでいるのさ。日だまりに家を建て、果樹を植え、鶏小屋を建てる。女は花も植える。乾いた土地を畑にして、水のあるところを田んぼにする。みやもと山は、こうして始まり、1300年たった。

夏になると、みやもと山を目指して多くの人がやってくる。蛍を見に来るのだ。夜の田んぼに歓声があがる。小さな光が水路から舞い上がり、木立から降ってくる。乱舞。

みやもと山に蛍が飛ぶには、確固とした根拠がある。

第一は、ゼネコンによるゴルフ場建設を撤退させたことである。ゼネコンばかりではなく、街中の欲深な名士、実力者どもの敵対をはねのけ、村の山や農地、すなわち蛍の生息地を守り抜いた。

「動かない。動こうとしないことの強さよ。田んぼに踏んばり、うまい話に耳を貸さず、口もきかない。かかしのココロだ」

第二は、有人ヘリコプターによる水田への農薬散布の拒否である。村の隣人たちとの激論を生んだ。結果、有機農法田を守ったうえに、新たな仲間ができた。「農産物の安全性はもちろん、地域住民との共存を目指さなければ

代々続く農家の家は、懐かしく、温かい。

奥さんのふみちゃんと、恒例のもちつき。

大豆の畑に都会から若者たちが集まります。

森の緑と青い空のもと、農作業で日頃のストレスも解消します。

田んぼでは、実験をいろいろ。「失敗のデパートだよ」。

これからの農業は成立しない」という私を受け止めたのは、村八分にしてやるぞとばかりに一番食ってかかった人だったのである。

「おめえの主張が正しい。おめえの農法を教えてくれ」

そして、蛍あふれる第三の根拠がある。長老を先頭に、皆が畔の草苅りをするからだ。高齢化した農民には、辛い仕事である。よその村では、除草剤を使用する。草にも効くが、蛍にも効く。畔の土中で蛍はさなぎのまま死んでしまう。蛍飛ぶ背景には、日々の努力と物語があって、頑固者の信念が貫かれているのだよ。

私は1300年をリレーする一瞬にすぎないが、物語に新しい1ページを書きとめたい。いま、トージバの種播く若者たちが、みやもと山に集い、喜々として農作業をする。農村に元気をふりまく。それればかりでない。東京の真ん中に販路を開拓してくれた。この若者たちは、早朝の準備から夜遅いあとかたづけまで、嫌な顔ひとつせず、出店農家のために尽くしてくれる。感謝します。

長い物語にしようか。百戦百姓。

齋藤實（さいとうみのる）
1950年生まれ。千葉県匝瑳市（旧八日市場市）宮本で、36代続く農家みやもと山を営む。農薬や化学肥料を使わずに、鶏糞を使った循環農法で栽培。田んぼが3町歩（3ha）、自給用の野菜畑が1反（10a）、大豆畑が1町歩（1ha）。毎年、自家製味噌を2t、梅干しを150kg、玄米もちを田んぼ4反分製造し、アースデイマーケットやイベント会場、ネットショップ「やさい暮らし」（95ページ参照）などで販売する。
みやもと山のブログ　http://miyamotoya.exblog.jp/

撮影／田中利昌

小泉英政

Hidemasa Koizumi

小泉循環農場

食べられる土を作ろう

宅配の会員からの振替用紙に、コメントが添えられてくることがよくある。あるとき、「子どもが生まれました。毎週届く野菜のおかげで、安心して育てていけます」と書かれてあった。こういった内容は、実は見慣れている。でも、なぜかこのとき、自分はいつにも増して反応した。「いまのままで、安心して食べてもらえるのかな」と。

そこから、なんとか外部からの資源を使わない、循環型の農業ができないのかと考えだした。

土を食べて、野菜ができる。つまり、野菜を食べるということは、土を食べていることにほかならない。ならば、食べられる土を作ろう。その思いが、落ち葉堆肥と米ぬか発酵肥料へと発展していく。

落ち葉集めは、まず荒れた里山を整備するところから始まる。冬じゅう山にもぐって、その仕事を担ってくれるスタッフに恵まれ、その道が開かれた。

作業所の前の落ち葉堆肥場では、微生物たちが発酵を進めています。

種はできるだけ自家採取しています。種とりのために大きくなっているオクラ。

宅配の箱には多種類の作物を入れるので、畑もにぎやか。

畑で刈った草や野菜クズを積んでいきます。

竹もこうしておいて、10年たてば土になります。

いまでは一冬で60tほどの落ち葉を堆肥場に野積みし、自然発酵させている。

米ぬか発酵肥料は、雑草や野菜クズを積んでいくところから始める。ビニールも何も掛けない。どんどん積んでいくだけだ。その中には、みみずや微生物がいっぱいいて、1年もしないうちに驚くべき量の土ができる。これに同量の米ぬかを混ぜ、2〜3回切り返せば、みごとにきれいに発酵する。

人に支えられ、発酵の力に支えられ、「土から幸せ」というか、仕事に生き甲斐を感じさせてもらっている。

どこへも出かけなくても、ここで十分。畑と里山、田んぼとうまくつながって、一体となった風景を作りあげられていけるのが楽しい。

小泉英政（こいずみひでまさ）
1948年生まれ。1971年から成田空港建設反対運動で三里塚に入り、1973年に強制代執行を受けた大木（小泉）よねの養子に。以来、農業を営む。1976年より有機農業の産地直送グループ「ワンパック」を始め、1997年に小泉循環農場として独立。自給用の田んぼ3反（30a）を耕作し、里山5町歩（5ha）を維持管理する。著書に『みみず物語』（コモンズ、2004年）がある。

聞き手／吉度日央里　撮影／田中利昌

浅野祐海

Yuukai Asano

自然農

食べることだけやっていれば幸せ

仲間たちに、「よく天気がいいのに、遊んでいられるな」と言われることがある。聞きたい講演があったり、なにか用事があれば、晴れていたって出かけていくからだ。普通の農家は、天気がいいときは畑で仕事をしなければならないという観念がある。でも、草と共存させる自然農をしていると、そこは違う。

自然農法に切り替えたのは、1998年。最初の3年間は、作物がよく育たなかった。けれど、たけのこやふきのとう、みつば、きのこ類、みょうが、柿、栗、酵素飲料の材料となる木の芽や雑草など、種を播かなくても採れるものがたくさんある。それらを売っていたので、まわりが心配するほど大変ではなかった。

普通の無農薬の畑を自然農の畑にすると、最初のうちは作物の皮が固くなり、うまみも出ないので、肥料が必要になる。といっても、苗を植えた間の通路に、おからをパカッとあけ、米ぬかをふるだけ。そうやって発酵させて

奥さんの光喜（みつき）さんと。庭の植え込みに雑草はなく、青じそや三つ葉、あしたばなどが繁ります。

自家採取した種は、空き瓶やペットボトルに。

菜っ葉類は、梅の木の下に種をばらまくだけ。大根やかぶも播いてみたが、成長してきています。

作物は、あちこちで実験的に少し作って、よくできる場所を探すと、失敗がない。ここは、里芋に向く土地でした。

おけば、春から秋まで、おいしいなすやピーマン、ししとうなどが、何もしなくても採れる。

何年かすれば、こういう肥料もいらなくなる。それどころか、ずっと畑にしていなかった草ぼうぼうの土地なら、最初から肥料がいらない。梅の木の下などは、ただ種をばらまくだけで、小松菜がいっぱい生える。大きくなったものから抜いて、直売所にもっていくだけだ。

「うちの畑は、大雨が降っても水がたまらないな」と思って、なにげなく棒をさしたら、ズボズボッーと1m20㎝くらい入ってしまった。そこまで土が柔らかくなっていたのだ。土壌生態学や農学の教授などが研究に来ているが、畑を自然農に切り替えて8年ほどで、だいたいこういう状態になる。

こうやって食べることだけやっていれば、幸せというか、いいよなって気がする。よけいなことをやっているから、いろいろ起こってしまう。みんなが食べることだけやれば……。それじゃ、ダメなのかな。

浅野祐海（あさのゆうかい）

1947年生まれ。茨城県阿見町で家業の農業を継いでいたが、1998 年に顧客から川口由一（よしかず）氏の本をもらい、映画を見たことをきっかけに、自然農法に切り替える。2町歩（2ha）の畑と、自給用の田んぼ1反（10a）を耕作。主に直売所で販売し、宅配も行っている。

聞き手／吉度日央里　撮影／田中利昌

佐藤忠吉

Tyuukichi Sato

木次乳業

地域自給で得られる安息

自分たちが食べるものは、自分たちで作る。かつて、それが当たり前だったことが、日本の社会に安定感をもたらしていました。けれども、いまの日本の食料は世界各地からかき集められたものです。

本来は全生活を自給できるのが理想ですが、それは難しい。だから、食べ物だけでも、全部自給したいと思うわけです。しかし、一人で作るには限界があるので、地域自給という方法が出てきます。遠くから運んでこなくても、地域のなかで調達したもので十分生活していける。そういう暮らしが、1970年ごろにはまだ残っていて、私たちはそれを大事にして今日までやってきました。

ところが、その間ほとんどの日本人は、海外から入ってきた安い小麦のパンを食べ、肉食を増やしてきたのです。日本人の顔はしているが、日本人ではない！　パンは消化が早くて血糖値もすぐに上がる食べ物です。そのせいで、日本人のおおらかさが消えていっているような気がしてなりません。玄米のように消化に時間がかかるものをゆっくり噛んで、ゆっくり休むというほうが、日本人には合っているし、パン食より粒食のほうが心の安定を得られます。

牛の放牧のために、山に向かいます。

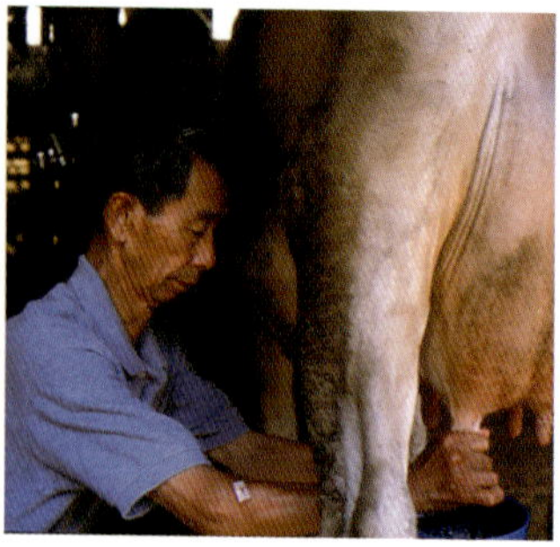

乳牛の乳を、手でしぼります。

ぶどうを栽培し、趣味の自家製ワインを造ります。

毎日出向く室山農園。四季折々の野菜を作っています。

日本人は、米食から欧米型の食生活にして自給率を下げたのです。そして、連作しても一定の収量を保てる水田耕作を放棄した。日本人がみな米食になれば、自給率は60%に上がるでしょう。

何より問題なのは、飽食です。自分の消化能力以上に食べて、多くの人たちが体を壊しています。そのために、作物をたくさん作らなければならなくなっているわけです。米なら10俵とれる田んぼで12俵とろうとする。本当は、そこを7〜8俵に抑え、それを8掛け、6掛けで食べていけば、健康には絶対いい。

同じ耕作面積で収量を上げようと思ったら、いろいろ手を加える必要があります。自然体で作ったものと、人の力が入りすぎたものとでは、食べ物の内容がぜんぜん違う。栄養成分も変わってきます。

無理して資金を集めて大規模農業にするよりも、それぞれが身の丈に合った農業をすればいい。そして、地域内での自給と、かつてどこの村にもあった相互扶助を取り戻していくとき、安息は得られるのです。

佐藤忠吉（さとうちゅうきち）
1920年生まれ。木次乳業相談役。島根県木次(きすき)町（現在は雲南市）で、酪農を核とした有機農業を行い、日本で初めてパスチャライズ牛乳（低温殺菌牛乳）を開発・販売する。田んぼは食用に5反（50a）、酒米用に6反（60a）。社員食堂用の2反（20a）は、社員が作る。述録に、『自主独立農民という仕事』（森まゆみ著、バジリコ、2007年）がある。
木次乳業のHP　http://www.kisuki-milk.co.jp/

岩崎政利

Masatoshi Iwasaki

種の自然農園

種を守り続ける

農薬を使わないと、畑の野菜たちに常に害虫が発生してきます。けれども、害虫とばかり思っていた虫たちが、少し我慢すれば、ただの昆虫に変わっていく。そんな虫たちもいるのです。

初夏になれば、キャベツ畑にはモンシロチョウが飛び交います。その青虫は、キャベツの外葉を食べるだけの優しい害虫です。ところが、その後にヨトウ虫たちの発生が始まると、深く食害が進み、春のキャベツは終わりを告げていきます。そのキャベツの中からムカデたちが飛び出して、ビックリ。

梅雨に雑草たちが生い茂るようになると、ふだん用心深いキジたちが畑のあちこちに卵を何個も生みつけては、温めてジーっと動かずに、守っています。人がすぐ近くにきても、決して逃げようとはしません。

秋を迎えるころには、決まってコオロギたちの仲間が来て、種播きした秋の野菜たちが土の中から芽を出してきたところを次々に食べつくします。でも、秋が深まると食べるのを止めて、ただの昆虫にかえっていくのです。また、カラスたちは、人参畑に発生したネキリムシを食べて、協力してくれている

冬の畑。青菜がイキイキとしています。

種の自然農園でできたおいしい野菜たち。

春の畑で、笑顔
がこぼれます。

冬の畑で穫れる作物は、
甘みもエネルギーも豊富。

と思った瞬間、人参を口にくわえています。いたずらぼうずのカラスたち!

畑のまわりには、たまに邪魔とも感じる地下茎の雑草も含めて、多様な植物が生えていて、刈り取っても、すぐに生えてきます。ところが、その植物たちによって、多様な生き物たちもまた守られているのです。

そんな周囲の自然に少し苦労しながら、畑の中に昔ながらの在来種の野菜の種を播く。有機農業を始めたときから、種を守り続けてきました。いまでは、たくさんの野菜たちに囲まれています。一粒一粒の小さな種たちには、それぞれに個性があり、野菜たちも多様性豊か。人間の社会と変わりません。

両手いっぱいの種を畑の土に播く。やがて芽が出て、大きくなり、そして選ばれたものから花が咲き、種となって、また両手いっぱいになって帰ってきます。そうやって年数を重ねていくごとに、地域の食文化が生み出されていくのです。多様性のなかから見えてきた農業。なんて素敵な世界でしょうか。

この生き物の多様性豊かな農が開かれていき、少しずつ広がっていくことが、より豊かな心の平和を高めていくと思います。

岩崎政利(いわさきまさとし)
1950年生まれ、長崎県雲仙市吾妻町の「種の自然農園」で、70品種近くの野菜を生産し、50種類近くの種を守っている。2.5町歩(250a)の畑に野菜を作り、1反4畝(14a)の田んぼに自給米を作る。著書に『岩崎さんちの種子採り家庭菜園』(家の光協会、2004年)、共著に『つくる、たべる、昔野菜』(新潮社、2007年)がある。

藤本博正

Hiromasa Fujimoto

鴨川自然王国農園担当スタッフ

半分自給で、半分自由

「鴨川自然王国」※に住んで、6年が過ぎた。「よく移住を決断したね」とか「とても私にはできない」と言う人がいる。だが、ぼくにはとても自然なことで、なぜそう言われるのか、正直わからない。そこが、飛び込めるかどうかの差かもしれない。

食べ物を自分で育てる、家を直す、といった生活の根本を、都市では外部に頼らざるをえない。それを、悪いというわけじゃない。ただ、いままで外部に頼り、スピーディにすましてきた「生活」を手作りしてみると、こんなに楽しかったのかと気づかされただけだ。また、そこから見えてきたことがたくさんある。

自ら働き、得た金で消費する。自己責任の名のもと、自分たちは自由を謳歌していると思い込んできた。「会社の歯車」とよくいうけれど、社会の仕組みにとっても、歯車でしかない。生産と消費を繰り返し、地球を傷つけてきた。

支配する者とされる者。どんな改革が起ころうと、その構造は基本的に変

王国スタッフと、一粒一粒種を播いていきます。

よく熟れたトマトで、口にふたをしました。

藤本さん亡きあと、王国を引き継いだ加藤登紀子さんと、妻のYaeさん（右から2番目）、王国のスタッフたちと。

手前が王国の田んぼで、うしろに見えるのが、イベントなどに使われる山賊小屋。

わっていない。それならば、自分の価値観、生き方を変えよう。藤本敏夫さんをはじめ、先輩たちの思想・価値観、半農半Xという概念、自給的な生き方。ぼくは、そこに少しずつすんなりと入っていった。その先に答があるはずだ。

国は自給率アップと言うけれど、「自分の分は、自分で作れ」なんて言っていない。そんなことをされたら、経済が停滞しちゃうわけだから。この国では、真の自給自足は、見事な反体制思想だといっていい。だから、ぼくはこんな生活がしたかった。この世界の仕組みから片足だけ抜きたかった。好きな面もあるので、両足は抜きたくないけど。

半分自給で、半分自由。半分ぐらいがちょうどいい。昔、岡林信康が「それで自由になったのかい？」なんて歌っていたけれど、ぼくは「半分自由になりました」なんて言えたらいいな。ありていに言えば、ぼくの周辺がノーストレスで、自然と共に生き、おもしろ人生を送れればいい。

いま、日本中で同じような志にシフトした若者たちは、これからさらなる高みを目指すのだろう。そして、あなたのおもしろ人生が、この世界を変えていくのだ。

※故・藤本敏夫氏が設立した、千葉県鴨川市の山中にある農事組合法人。
農作業イベント、里山移住や半農半X的生き方を考えている人たちのための塾、野菜の宅配などを行う。

藤本博正（ふじもとひろまさ）
1973年生まれ。鴨川自然王国農園担当スタッフ。2001年まで東京で化粧品会社勤務。退社後、ヘンプ（大麻）の有用性に惹かれ農業を目指す。鴨川自然王国のイベントに参加をきっかけに、研修生として住み込みで畑の開墾から始める。2005年、藤本敏夫氏の次女、Yaeと結婚。王国の耕作面積は、田んぼが約8反（80a）、畑が約9反（90a）。
鴨川自然王国のHP　http://www.k-sizenohkoku.com/

戸澤藤彦

Fujihiko Tozawa　花咲農園

当たり前のことをし続けるのが農業

秋田県大潟村は、日本で2番目の大きさを誇った八郎潟を干拓してできた村である。私はこの地で、15haの農業を24歳から始めた。

当時は食糧管理法があり、自分で栽培した米を農協系統に出荷するしか手段がなかった。栽培方法は、いまでいう慣行栽培のみ。米農家は収穫量を上げることに努力するしかなかった。

そんな時代のなかで起きたのが、1993年の米の大凶作。このときの日本人の対応は、すさまじいものがあった。国産米と外国産米のセット販売を買い、その場で外国産米を捨てて帰る人が、あとを絶たない。同じ地球に住む農家として、無性に悲しかった。

その後、食糧管理法は廃止され、私は自分で作ったものを正当に評価してもらえる産直に進んだ。

当たり前のことだが、人間は食べ物がなければ生きていけない。ところが、

あきたこまちが収穫間近です。

田植えが終わった
田んぼに、朝日が
映っています。

あきたこまちの
収穫風景。

稲の苗を育てるビ
ニールハウス内を、
整地しています。

現代の日本人は、その本当の意味を考えずに、輸入農産物に頼っている。未来永劫、日本が諸外国から食料を輸入できるというのは妄想にすぎない。そこから脱却し、日本で食べるものは日本で生産するという当たり前のことを実行に移さなければならない。

食べ物が足りなければ、過去の歴史からもわかるように、必ず戦いが起きる。そんなことがあってよいわけがないとみんな思っているのだろうが、自給率が上がらない。

日本に住む人たちが安心して暮らすためには、食が足りることが大前提である。その食を育てる場所には当然土がなければならず、その土の力や太陽の恵みの恩恵を受けて、農産物が育てられる。

このような当たり前のことを、当たり前にし続けるのが農業だ。その結果、平和で心豊かな社会が作られると私は確信している。

戸澤藤彦（とざわふじひこ）
1960年生まれ。秋田県大潟村で環境保全型農業を推進する花咲農園の代表。1998年に、同農園を2名の生産者で立ち上げ、2000年に3名で有限会社に。現在の生産者会員は43農家。会員の花咲農園向け面積は、田んぼが約200町歩（200ha）、畑が青大豆で44.5町歩（44.5ha）、黄大豆で13.4町歩（13.4ha）、野菜で約3.5町歩（3.5ha）。
花咲農園のHP　http://www.hanasaka-nouen.com

Yasu

Yasu

自給自足的生活

舞台はコンクリートじゃなく、土の上

ぼくは米や野菜を作りながら自給自足生活を目指しているけれど、アクセントがつくのは「自足」のほう。結局、満足できるかどうかは、自分しだい。一人の人間が本当に必要なものなんて、そんなに多くはない。そう思うと、少し余裕が出る。ゆとりと楽しさが長続きの秘訣。難しくても、「足るを知る」ことを常に心がけたい。

長年自然と向かい合って暮らしている人たちは、自然界のことを細かく知っている。自然の豊かさと生活の豊かさをつなげるのが、本物の知識だろう。たとえば雪解け直後、畑に作物がなくても、食べられる野草や木の芽を知っていれば、ごちそうができる。これは、すばらしい循環だ。知れば知るほど足りてくる。

人類の歴史で、誰でもいつでも簡単に長距離を移動できるようになったのは、最近のこと。都市を除けば、ついこの間まで、人はほとんどそこにある

これだけの田んぼで、1人が1年食べる米を作れます。

道具は１輪車に乗る分だけ。田植えから稲刈りまでを人力で。

情報誌を作っている叔父と古民家をシェア。

よく作るサブジー（インドのおかず）。スパイス以外は、自分で作った材料を使っています。

農作業は、いつもこんな格好で。

ものだけで暮らしていた。環境と共生しながら。制限されるほうが、人間は創造力を発揮する。風土が生んだユニークな文化が、それを証明している。

魅力ある社会を作るためにも、物をあまり動かさない自給自足的な暮らしを試す意義が十分あると思う。ただし、この実験の場に、都市は向かない。都市は、物をほかから持ってくる前提で作られているから。舞台はコンクリートじゃなく、土の上。過不足なくつりあう自然界とつながっている場所だ。もちろん、これは我慢比べではないし、昔に戻ることでもない。新しい技術や道具も、よいものだったら使いたい。全体のバランスに気をつけながら。この試みは、新しい組み合わせと調和、そして心の奥を満たす何かを探すものなのだ。

満たされた心をもつ人や社会に、争いはいらないだろう。畑や田んぼで体を動かしていると、なんとも充実した気持ちになるときがある。そんなとき、ぼくは確信する。平和をつくる素も土から生まれることを。

Yasu（堀江恭史・ほりえやすふみ）
1968年生まれ。世界をバックパッカーとして旅しながら、大自然や農とのつながりを深め、2007年より福島県会津地方の山間部で自給自足的生活を開始。約３畝（3a）の田んぼと、合計５畝（5a）ほどの畑で、米や豆、各種野菜を作る。冬季は千葉県の外房に滞在し、アースオーブン（粘土で作る土窯）の製作なども。

山木幸介

Kousuke Yamaki

三つ豆ファーム

農業は全肯定できる仕事

大学院修了後、1年間バックパッカーをしていた。タイ、バングラデシュ、ネパール……。旅をするうちに、考えがどんどんシンプルになっていき、「仕事をするなら、人の役に立つ仕事がしたい」と思うようになって帰国した。

大学院の専攻は、バイオシステム。微生物を使って、水をきれいにするといった内容だ。当初は、その分野で人の役に立つことを考えた。でも、いつ人の役に立つかわからない仕事より、すぐに役立つ仕事、そして、すぐに反応が返ってくる仕事のほうが、働くのにモチベーションが上がるだろう。

旅では、自分の人間力のなさを痛感して帰ってきたので、そういうところが鍛えられるような仕事がいい。「第一次産業は鍛えてくれそうだ」というのも、農業を選んだ理由の一つだ。

実際に農業を始めてみたら、想像していたのとはぜんぜん違った。「作ればできるでしょ」と軽く考えていたが、やってみたらできない、できない。

勉強していたことが役に立ったとしたら、「問題をみつけて、仮説を立て、実行をしてみて、検証する」というサイクルが、農業にもあてはまるということ。失敗しても、そこからなにかを学ぶというスタンスがもてる。

農業という仕事は、やっていてなんら疑問がわかないし、全肯定できる。

三つ豆ファームは、山木さんと奥さんの暖子(はるこ)さん(手前)、鈴木陽子さんの3人で結成。

にんじん畑の草取りを、
もくもくとする。

小さいときから、畑が好きで、土
にまみれるのが好きな子でした。

すくすく育ってき
たにんじんの姿は、
美しい！

「人を支える農業！」がモットー
の鈴木さん。

食を作るという仕事は、「生きるために食べる。食べるために生きる」というシンプルなところに近い。一部お金に変えたりもするが、でも、そこからすごく離れない場所にいる。

　だから、あれこれ考えるすき間はなくて、ぼくにはすごく合っている。ぼくのなかで、平和が保たれる仕事だと思う。

山木幸介（やまきこうすけ）
1977年生まれ。千葉県山武市でこだわり野菜を作る「三つ豆ファーム」代表。2002年、全国新規就農相談センター主催の「新・農業人フェア」で、成田市の生産者連合デコポンを知り、研修生となる。2004年、仲間3人で三つ豆ファームを結成。2.5町歩（2.5ha）の畑を耕作する。
三つ豆ファームのHP　http://mitsumame.ocnk.net/

聞き手／吉度日央里　撮影／田中利昌

KAMMA

KAMMA

Love&Rice Field

土が自分を自分らしくする

生活を「波に乗る」という行為だけの目的に費やし、いい波を求め、国内国外を問わず旅していた。そんなある日、急に腰が痛くなり、立つこともできず、サーフィンなど到底できない状態になった。2001年のこと。

現在は、千葉県鴨川市の棚田の一番上に、払い下げのバスをもらってきて住んでいる。

荒れ果てた棚田に、初めはテントを張って整地し、少しずつ生活空間を創ってきた。山水を分けてもらい、引っ張ってきた。野外にキッチンを廃材で作り、物入れ小屋を作った。トイレは穴を掘っていたが、その後コンポストトイレを作った。風呂はドラム缶を利用し、山水を薪でわかして、月を見ながら入る。最近は宿泊施設兼Cafeを作っている。

寝るとき以外は、ほぼ外で生活。目の前の棚田で米と野菜を育てている。

Love&Riceの全貌。ゲストが来ると、テントを張ります。

晴れの日は、いつも空の下でご飯を食べます。

キッチン&リビング(ひみつ基地風)。

毎年、田んぼを増やしてます。来年もまた一枚。

やっぱり、愛とお米でしょっ。

70`sのバスは、住居＆オフィス。かなり居心地いいですよ。

育てているというか、戯れている。ミミズやアリやカエルたちがいっしょに住んでいて、鳥や猿や蝶たちは、たまに遊びにくる。小さな発見と変化に魅せられている。そんな場所に、引き寄せられちゃった。

自然をダイレクトに感じながら過ごしていると、アッという間に自分も自然の一部だとわかってしまう。「トケテイク」という感じかな。土をさわって、虫の音を聞き、鳥のさえずりを楽しみ、生き物たちを感じる。青空の日を感動し、雨空の日を感謝する。太陽は相変わらず、東から西へ。

近くのおばあちゃんが野菜を分けてくれて、近くのおじいちゃんの田んぼの手伝いに行って。いつの間にか仲間が集まり、いろいろなジャンルの友達が増えて。

腰ともうまくつきあっている。土や木々の香りを楽しみ、ふれることで、海で感じた気持ちと同じ気持ちになれる。以前は海という自然で自分を保っていたが、いまは土という自然が、自分を自分らしくしている。

都会で抱えていた不安材料は、ほぼない。モメゴトが前から来るという感覚を楽しみ、そして、これからも生命を保つために自然を感じ、愛するものたちと共に流れる。「こころの声を聞きながら！」

KAMMA（カンマタカヤ）
1976年生まれ。2007年、新天地を求め、VW（フォルクスワーゲン）に家財道具を積んで、パートナーのまゆちゃんと旅に出る。たまたまオシッコした場所にグッときて、南房総での生活がテント2張りからスタート。現在、バスを住居に、日々出逢う仲間たちと新しい生き方を模索しつつ、「Love&Rice Field」として展開中！
Love&Rice FieldのHP　http://www.loveandrice.com/

伊藤幸蔵

Kouzo Ito　米沢郷牧場グループ・ファーマーズクラブ赤とんぼ

土を汚さない、壊さない

世界にはまだ、日常的に飢餓の国があります。人が本当に苦しいのは、食べられないとき、そして自分が拠って立つところがないとき。土は、私たちが帰る場所です。この場所は、次の世代に渡すために、汚してはいけないし、壊してはいけない。それが、有機農業の大きな価値のひとつです。

大学卒業後に、私は迷わず農家を継ぎ、有機農業を始めましたが、私たちの仲間は、選択して農家を継いでいます。以前のように、継がなければならないから継いできたのとは若干違うわけです。私たち農村地域の取り組みを、都市に住む人たちにもっと理解してもらい、私たちも都会の消費者のことをもっと深く知っていくことが必要だと思っています。

対立でも、寄りかかりでも、取引でもない。そういうお互いの理解が、都市と農村の距離を縮め、食を取り巻く問題を平和に解決していくのではないでしょうか。

農作業は嫌じゃなかったので、家業を継ぐときはスンナリ。

「田んぼの生きもの調査」の実行委員長をしています。

伊藤幸蔵（いとうこうぞう）
1967年生まれ。山形県高畠町で有機農業と畜産の複合経営を行う「米沢郷牧場グループ」の代表。1995年には、農業生産法人・有限会社「ファーマーズクラブ赤とんぼ」を立ち上げる。家族で営む農業生産法人「エコファーム匠」では、田んぼを11町歩（11ha）、畑を3.5町歩（3.5ha）、果樹園を5反（50a）作り、主に田んぼの耕作に従事する。
ファーマーズクラブ赤とんぼのHP　http://akatonbo.cside5.jp/index.html

臼井太樹

Taijyu Usui

水車むら農園

平和への貢献は、畑に薬を使わないこと

人間の究極の目標は世界平和だと考えています。でも現実は、ごくわずかな耕作面積に薬を使わないことくらいで、世界平和への貢献度はまだまだです。家庭内の平和もなかなか……。

自分はどうやら小心者で、他人とのやりとりが得意ではありません。そんな自分だから、農業と通信販売で飯が食えるのは、とても幸せです。

有機農業のおかげで、お客様に恵まれ、感謝の気持ちもいただける。お茶にしか生きるすべを見いだせない自分にとって、お客様は大切な存在ですので、裏切ることは絶対にありません。そこにしか、自分の存在価値も心の平和もないと思っています。

茶畑は標高200〜300mで、ほとんど急斜面。

農薬を使ったことがない幸せもんです。

隣接した畑がないので、よその農薬の影響を受けずにすみます。

臼井太樹（うすいたいじゅ）
1965年生まれ。静岡県藤枝市で無農薬の緑茶と紅茶を生産・販売する「水車むら農園」の代表。大学の教育学部を卒業後、数年間を一般企業で過ごす。28歳より父の後を継ぎ、茶の有機栽培に従事。2000年より販売についても責任者となる。約2町歩（2ha）の茶畑で耕作する。

富谷亜喜博

Akihiro Tomiya　さんぶ野菜ネットワーク

食べるものを作る産業を大事に

日本は工業優先でずっとやってきているので、自分が農業を始めた1980年ごろでも、「なんで農業やるの」「農家なんかやったら、嫁さんなんか来ないぞ」と同級生の誰にも言われました。いまでも、多くの人たちが、そういう感覚をもっています。

でも、食べるものを大事にしないと、ゼッタイ平和にはならない。「土から平和へ」というか、「農業から平和へ」ですね。食べるものを作る産業を大事にしてもらえるようになること、国や国民からそういう思いをもってもらえるようになることが、とても重要じゃないでしょうか。

ただ、いまの農業ブームのように、本当の農業の現実を知らないのに、イメージだけが先行してしまうのはどうかと思います。都会の人が農業に関心をもってくれることはとてもうれしいけれど、自然を相手にするということは大変だということも、わかってほしいですね。

時期をずらして3回に分けて種を播けば、草が発生する前に収穫が終わります。

特別な技術なんてないですよ。堆肥作って、輪作のローテーションを考えて、あとは土にまかせておけば。

富谷亜喜博（とみやあきひろ）
1959年生まれ。千葉県山武市の農事組合法人「さんぶ野菜ネットワーク」代表。千葉県農業大学校の短大を卒業後に家業の農業を継ぐ。1987年、有機農家の見学をきっかけに有機栽培に移行。1988年、JA山武郡市の有機部会発足に参加。2005年に、同ネットワークを設立。現在、半径3kmほどの地域に、48名の組合員がいる。富谷さんの畑は2.3町歩（2.3ha）、田んぼは4反5畝（45a）。
さんぶ野菜ネットワークのHP　http://www.sanbu-yasai-net.or.tv/

聞き手／吉度日央里　撮影／田中利昌

宇都宮俊文

Toshifumi Utsunomiya

無茶々園

有機栽培の作物が普通に流通する世の中に

「環境に優しい農業、農薬や化学肥料を使わない農業を」と、1974年から無茶々園はみかんの有機栽培を進めてきました。

けれど、いまだに日本のみかんの有機栽培農家は、ほんの一握りです。みかんを栽培している多くの生産者は、「農薬を使わないと、販売できるみかんはできない」と信じ込んでいます。無茶々園に加入した生産者が1年目に必ず言うのは、「有機農法の見た目の悪いみかんでも販売できるんだ」です。

消費者がきれいで形のよいみかんを求めるのは、当然かもしれません。しかし、有機農法で栽培した作物に対する理解をもっと深めてほしいと思います。そのために農家も努力していかなければなりません。

有機栽培農家の仲間が増え、土に、水に、環境すべてに負荷をかけないで栽培された作物が、どこでも普通に流通する世の中になったとき、本当の平和が訪れるのだと思います。

明浜の急傾斜地の段々畑で栽培するみかんは、太陽の光・海の光・潮風をたっぷりと吸っているので、糖度が高い。

環境に優しい農業をしよう、安全なもの作ろうと、日々農作業に励みます。

宇都宮俊文（うつのみやとしふみ）
1963年生まれ。愛媛県西予（せいよ）市明浜（あけはま）町で、除草剤や化学肥料を使用せず、農薬をできるだけ使わない柑橘類の生産・販売をする無茶々園の代表。現在、80軒以上のみかん農家が加入している。宇都宮氏の畑は3.5町歩（3.5ha）で、みかん、ポンカン、伊予柑、ネーブル、デコポンを栽培。
無茶々園のHP　http://www.muchachaen.com/

聞き手／吉度日央里

伊川健一

Kenichi Ikawa

健一自然農園

土が元気と勇気をくれた

農ある暮らしで生きようと心にきめた15歳のころ、心は、魂は、自然を求めていった。高校に通う道で草を採り、干して飲んだ。学ランで山に入り、土をつかんでにおいをかいだ。あったかくて柔らかくて、いい香りがした。気がつけば、ぼくのなかに元気と勇気がいっぱいになっていた。

気合いを入れて、19歳で新規就農。七転び八起き、試行錯誤で、2009年が9年目。農業収入で食ってくのは、ほんまに大変。でも、たぁくさんのお陰様で、畑は広がり、多くのお茶を全国の人に愛用してもらえるようになった。

ぼくは、土そのものが平和だと思う。いつだってぼくらは、あったかくて柔らかいそいつに抱かれることができる、帰ることができる。あの日の健一少年のように、元気と勇気をいぃっぱいもらって、また精一杯この生を楽しんでいこう！

でも、ひとつ忘れたくないことがある。たくさんの悲しみのあとに、この平和な時代がぼくらに手渡されたように、この地球の土ができあがるのに、56億年の生命の営みがあったということを。

左は茶刈りのシーン。茶畑は、どんどん広がって、忙しく働いています。

稲刈りの田んぼの全景。

伊川健一（いかわけんいち）
1981年生まれ。「健一自然農園」代表。15歳のときに、テレビで福岡正信氏の自然農法を知る。17歳から、川口由一氏の自然農を学ぶ。2001年、奈良県旧都祁（つげ）村（現在は奈良市）にて就農。自然農の野菜宅配とお茶作りを4年。2006年より茶業にしぼり、現在は茶畑2.4町歩（2.4ha）。家族や仲間7〜8人に手伝ってもらいながら、和紅茶や烏龍茶など、自然の茶葉そのもののよさをより引き出せる茶作りを実践中。田んぼと畑は各1反（10a）。
健一自然農園のHP　http://cyaen.fai-system.com/index.htm

井上時満

Tokimitsu Inoue

穀物菜食と自然体験の家 なかや

田畑の声を拾いあげていく

毎朝、家族でその日にやりたいことを話し、一日が始まります。畑仕事・農機具のメンテナンス・家の修理・薪の調達・食品加工・大工仕事などなど、やりたいことはいっぱい。それは同時に、やるべきことでもあります。

生きていくために必要なものを生み出している。私はその喜びのなかにいます。お金や身の安全のために誰かに命令・強要されず、希望する生き方に向かって、自分たちのやりたいことをしていけることは、本当にありがたいものです。

「早く植えてくれー」「そろそろ間引いてくれー」「収穫してくれー」という田畑の声や、「ほら、雨もりしてるよ。直さんと腐るぞ」などの家屋の声。「ここに石窯が欲しいなあ」「美味しい味噌や醤油を作りたいなあ」などの自分の内なる声。

誰かの命令よりも、こんな声を拾いあげていくことのなかにこそ、平和があると思います。

家族で稲刈り。

露天風呂に、みんなで入ってゴキゲン。

おっきいさつま芋が穫れた！

井上時満（いのうえときみつ）
1972年生まれ。妻と子ども4人と共に、長野県豊丘村の古民家で自給的に暮らすかたわら、菜食の民宿「穀物菜食と自然体験の家 なかや」を経営。1反2畝（12a）の田んぼと、3反（30a）の畑で育てる70品目ほどの野菜と自家製の加工品で迎える宿。
穀物菜食と自然体験の家 なかやのHP　http://www.mis.janis.or.jp/~nakaya04/

五日市保之

Yasuyuki Gokaichi

自給自足

自然と息を合わせたい

朝起きて、畑に行き、草を刈ったり、種を播いたり、収穫したりしています。そして、朝ご飯の準備。火をつけて、ご飯を炊いて、味噌汁を作り、お茶をわかす。それから、家の掃除などをして、また作業。昼ご飯で少し休んで、また作業。風呂を薪でわかして、晩ご飯を食べて、そして布団に入る。

そんな繰り返しの暮らし。まわりの対応はさまざまだけど、大事なことは自分がやりたいことをやって楽しいかどうか。それが、環境的に負荷が少なかったり、まわりと調和していたら、なおベター。ぼくの場合は、地域の人たちのおかげで、こういう暮らしができている。感謝！

この生活は、「ごみ」(最近では、資源っていうのかな) が出ない。冷蔵庫の代わり (?) に畑があって、袋を切る必要もないし、エコバッグもいらない。

毎年、異常気象だというけれど、感じるのは、自然界は変化に敏感だということ。人によって、さまざまな伝え方があると思うけれど、自分はもっと大地とつながりたい。自然と息を合わせていきたい。

キャンプテラスカフェに、みんなが集う。

山に囲まれた、きれいな里山です。

ときどき、畑のワークショップをしています。

五日市保之 (ごかいちやすゆき)
1974年生まれ。2001年に、長野県安曇野で自然農を知る。2006年に、静岡県芝川町に移り住み、大地に根ざす暮らしを志している。田んぼは5畝(5a)で、畑は1反(10a)。不耕起で、自然農にそった農を実践し、希望者に野菜を宅配している。

Part 3

半農半Xで生きる

大好きなこと、やりたいことを仕事＝エックスとし、
自給的な暮らしを目指す人たちが、増えてきました。
そのスタンスは、軽やかで、スマートで、楽しげです。
エックスの達成感と収穫の喜びをダブルで味わい、
また２つの土に種を播きます。

なかじ

Nakazi

半農半蔵人・マクロビオティック料理家

田んぼのわ

水田の広がる日本の風景は、とても美しいもの。それは生きることに対する安心感であり、平和の象徴でもあるように見えます。

平和の「和」は「禾」に「口」と書きます。禾は稲やひえなどの穀物の意。「穀物を口にすると（食べると）心和やかに平和になりますよ」という意味です。稲作を中心にお米を食べることによって社会が平和になる、との先人たちの教えでしょう。和はわ（輪、環、倭）。みんながつながり、協力して、ワイワイ助け合いながら生きる。これが村（群）です。

そして、田んぼは生活のわでもあります。田んぼで米を作り、畦には豆を植えて大豆を作り、秋の稲穂から稲麹を捕まえて麹を作り、米や大豆と合わせて味噌、醤油、酒ができます。あとは野山の野草を摘んで料理すれば、ご飯、味噌汁、漬物の一汁一菜。立派な日本食です。

田んぼの底からは粘土がとれて、器も作れます。わらで生活用具を編み、泥と合わせれば壁になり、家も作れます。田んぼを軸に、生活のわが広がり、めぐります。稲作は、昔の人が産み出した最高に自由に楽しく生きるための知恵のよう。

蔵人をしている寺田本家の酒粕を使った、発酵マクロビオティックの料理教室が人気！

大きなタンクの中を、かい棒でかき混ぜる作業は力がいる。得意の作業歌を歌いながら。

稲の種を播く苗代を作っているところ。

春は野草摘みの季節。とくに、せりはたっぷり摘みます。

苗も育ち、さあ、これから田植えだ！

生きるは「息ル」の意。自由にのびのびとゆったりとした「息」、呼吸が生きる基本です。ゆったりとした呼吸は、心の安定から生まれます。いまの世の中で物の豊かさを求めると、常に走り続けなければなりません。こうなると息もたえだえ、無意識のうちに呼吸が浅くなります。息が浅いと不安になり、そこからのさまざまな思惑や欲が出てきて、世間や時代の波を作り、個人の浮き舟は容易に翻弄されてしまうのです。

自分で食べ物を自給できると、この波に流されません。そこに精神的な安心と強い安定感が生まれます。自分の食べ物を自分で作れることの喜びと強さこそが、自由に生きる生活の基盤ではないでしょうか。

かといって、すべてを自給しようとがむしゃらになるよりは、互いに助け合うことが大切です。みんなで少しずつでも農を生活に取り入れることで、土の生命力と神秘を感じ、ゆったり大きく各自のペースで、でも確実に変わっていけたらと願います。

いま、都会で暮らしていたって大丈夫！ 「自然ってなんじゃろ?」。それを頭の隅におくだけで、次の瞬間から無意識で行動が違ってきます。少しずつ生活は変わり、人生は確実にあなたの望むほうに変わっていくでしょう！

なかじ
1979年生まれ。半農半蔵人・マクロビオティック料理家。千葉県神崎町の「発酵の里神崎」を拠点に活動。心と体を、元気に楽しく、わくわくプクプク発酵させるマクロビオティック教室「みなみ屋さん」を、パートナーの南智美さんと主宰。自然酒の造り酒屋「寺田本家」の蔵人。著書に『お酒を楽しむ人のための簡単マクロビオティックレシピ』（洋泉社、2009年）、共著に『毎日のマクロビオティック　みなみ屋さんのお弁当』（パルコ出版、2009年）がある。庭で畑を１畝（1a）、田んぼは夫婦で８畝（8a）を作っている。
みなみ屋さんのブログ　http://happyseedstomomi.blog79.fc2.com/

エバレット・ブラウン

Everett Kennedy Brown 半農半フォトジャーナリスト・文筆家

Heaven on Earth

2008年、母が急に亡くなった。国際モバイルフォンでその知らせを受けたのは、六本木ヒルズへ向かう途中のタクシーの中だった。その日、ある芸能人の撮影の仕事があった。会場の近辺には、大勢のファンが歩道からはみ出さんばかりに並んでいる。タクシーから降りたとたん、まわりの人びととの気持ちのギャップを痛感。胸が張り裂けるような苦しみで、「みんなはなんのために生きているのか？」と叫びそうになるのを必死にこらえた。

その翌日、母国アメリカに飛んで行き、母のお葬式で久しぶりに親戚と再会。驚いた。肥満で、生きていること自体が辛そうな人だらけ。しかし、母の兄は違った。小粋なクラウドおじさんは、口を開けば冗談と感謝の言葉ばかり。「わしゃ、今年、たった百歳になるんだぞ！」と楽しげだ。

ぼくはすっかりクラウドおじさんのファンになり、夏にフロリダ州にある農場へ遊びに行った。毎朝、二人で畑に出かけ、土に触れながら話をする。朝の柔らかな光を浴び、緑の風に吹かれながら、おじさんが教えてくれた。

「俺たちの先祖のなかで、長生きをするヤツは、みんな百姓をやっていたんだ。自然のなかでHeaven on Earthを求めていたら、死ぬ暇なんてないのさ！」

妻の中島デコとブラウンズフィールドを始めてから、10年が経つ。引っ越すきっかけは、都会で家族7人分のオーガニック食材を買う経費が大変だ

田植えイベントには、各地からたくさんの人が集まります。

みんなの人気者になった新入りのやぎたちと。

甥で、女形芸者のまつ乃屋栄太郎を撮影し、個展を開いた。静かで美しい和の世界。

幕末のカメラにはまっている。モノクロの独特の世界があります。

から、ということもあったが、「日本の土にふれないと、フォトジャーナリストとして、ぼくはこの国を語る資格がない」という思いが強かったからだ。明治初期までは、日本人の9割以上は農民だった。しかし、文明開化政策で豊かな農村文化を無視したことが、現在まで問題を残している。

最初の生活は苦しかった。蚊の大群と戦いながら、深い竹やぶの奥に、ほったらかしのままだった畑と田んぼを自分の手で開拓する日々が続く。「無農薬米を作るなんて、都会人の幻想ですね」と隣のおじいさんに言われたこともあった。でも、ぼくのこんな答が、新しい絆のきっかけになる。

「収穫にはこだわりません。日本の先祖の農法を、子どもといっしょに経験したいんです」

この10年間、たくさんの人が世界中から手伝いに来てくれた。おかげで「持続可能なシンプルライフを実践しながら模索して、忘れ去られつつある大切な生活文化や自然への畏敬の念を伝えていく」というブラウンズフィールドのビジョンを、確実に実現させつつある。

そして、この農的生活のおかげで、土との絆、家族との絆、そして広い意味でのコミュニティとの絆を学ばせてもらった。ぼくの先祖が求めた「Heaven on Earth」に、少しずつ近づいてきているような気がする。

エバレット・ブラウン
1959年生まれ。半農半フォトジャーナリスト・文筆家。東京を拠点に、国内外の主要メディアで定期的に作品を発表している。1999年、妻でマクロビオティック料理研究家の中島デコとともに、「ブラウンズフィールド」を設立。著書に『俺たちのニッポン』（小学館、1999年）ほか多数。研修生を中心に、田んぼを2反5畝（25a）、畑を1反（10a）作っている。
エバレット・ブラウンさんのHP　www.everettkennedybrown.com/index2.html
ブラウンズフィールドのHP　www.brownsfield-jp.com/

森岡尚子

Naoko Morioka

半農半アーティスト

自然破壊や戦争に加担しない農

25歳のとき、英語版の福岡正信さんの本を紹介してくれた人がいました。粘土団子※で有名な自然農法家・福岡さんの『自然に還る』です。すぐにその日本語版と『わら一本の革命』(春秋社)を読み、「これだ」と思って愛媛の福岡さんに手紙を書くと翌日、福岡さんから電話がありました。1997年のことです。

その後、不耕起・無肥料・無農薬・無除草で、自然の生態系に任せる福岡さんの農園に滞在し、海外での講演活動などにも同行させてもらいました。そして、しばらくして自分の種を播く場所を探す旅に出発。引っ越しを繰り返した末、その地は沖縄で見つかりました。

一般に流通している品種改良された野菜、たとえばピーマンやなすなどは、自然農法で作るのが難しいのですが、大根や葉ものならうまくいきます。私たちが食べるものを在来のものに戻していけば、作物が育てやすいはず。土地に合ったものは毎年こぼれ種からでも増えて、わざわざ栽培する必要もなくなります。

沖縄本島の北部。亜熱帯のヤンバルの森で。

自身の著書と、非木材紙ケナフのポストカードを持って。

石がゴロゴロしている土地に、種を播いただけの畑。

秋の収穫物。南国らしい彩り。

種をばらまいただけで、りっぱに育った大根。

みんなが土のある暮らしをすれば、世界中に襲いかかる飢餓や貧困、環境汚染や戦争などが一気に解決するでしょう。都会的な暮らしをするために、人びとはいろいろなものを犠牲にしてきました。自然を壊し、日々使っているお金が知らないうちに戦争に使われていたりもするのです。

遠くから運ばれたものを食べるのをやめて、自分の身のまわりのものを食べ、そこで素朴に暮らしていくと、自然破壊や戦争に加担しないですみます。手作りの素朴な暮らしが好きだからというのはもちろん、自然破壊と戦争に加担しないためにも、私が目指すのは自給自足です。自然のなかに身をおくと、そういうことに気づきます。

※福岡正信氏が考案したもので、野菜や木の種を粘土と混ぜてボール状にしたもの。
自然農法の手法だが、砂漠の緑化にも使われる。

森岡尚子（もりおかなおこ）
1972年生まれ。半農半アーティスト。沖縄県国頭（くにがみ）郡在住。アフリカがテーマのろうけつ染め作品のポストカードが人気。また、日々の暮らしを写真と文章で綴り、雑誌などに掲載している。著書に『ニライカナイの日々』（ピエ・ブックス、2006年）、『沖縄、島ごはん 改訂版』（伽楽可楽、2009年）がある。家のまわりの2畝（2a）の畑で自分なりの自然農法を行い、夫を中心に畑を約3.3反（33a）、田んぼを約6.6反（66a）作っている。

デイヴィッド・デュバル=スミス

David Duval Smith　半農半グラフィック・デザイナー

ぼくの畑は生き物で満ちている

ぼくたちはこれまで、自分たちがもっている時間とエネルギーを、お金と引き換えに企業に売っていた。そして、たくさんのアートと、たくさんのごみを作り出した。その生活は楽しかったし、ぼくたちも一生懸命だった。そうやって得たお金は、銀行に貯金していた。

でも、それは預け先の銀行によって、多大な環境破壊と産業廃棄物を生む大企業のビジネスを支援するために使われていたんだ。ぼくたちの生態系を破壊する持続不可能なシステムを支援することは、とても無責任だ。

持続可能な企業活動なんてものは、存在しない。環境にとっては、利益よりもダメージを生じさせるものばかりだ。誰を支援するのか、ぼくたちには選択する自由がある。

食や農の選択も重要だ。現在、スーパーマーケットに並べられている野菜100カロリー分を生産するのに、1000カロリーが消費されているという。これらのカロリーは、トラクターやトラックに使うガソリン、農薬、化学肥料、ビニール、薬品などに由来するんだ。

ぼくの畑は、自然農法。ここでは、すべての生き物たちがバランスをとっている。畑は、おいしいものや空気、美しい花たち、キラキラ光るトンボや

2枚の鏡越しにカメラをかまえるデイヴィッドが、相棒のマイケルがもっている鏡に映っています。

はちみつも自家製。
写真は、日本ミツバチの巣箱。

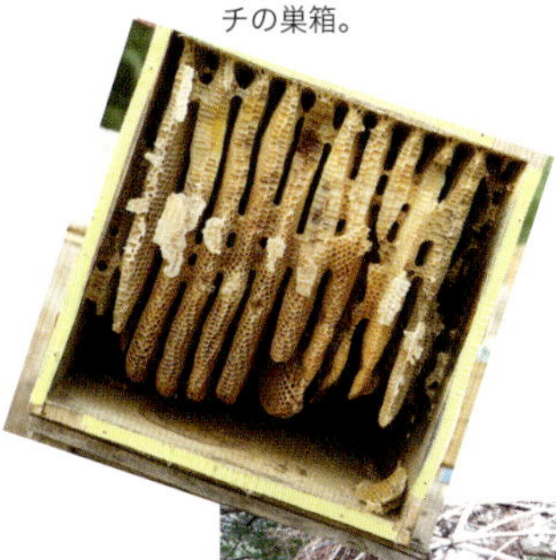

パーマカルチャーと自然農法を取り入れた畑。

畑の中の竹ドームスペース。遊び場になっています。

アートな形の大根が採れた！

いろいろな生き物で満ちている。平和な世界だ。パーマカルチャーは、ぼくたちと環境の双方にとってプラスになる状態を作り出すデザイン。それにひきかえ、都市はいろいろなものが高くつくし、有害で不愉快だ。

自然林を見てみよう。たくさんの種類の植物や動物たち、すべての生き物が完璧に機能していて、土壌は毎年肥沃になっていく。自然はすべての力をもっていて、私たちに自由に使わせてくれる。

ぼくたちはこれから、役に立つ植物で満ちた2000年生きる森を作っていきたい。

デイヴィッド・デュバル＝スミス
1970年生まれ。半農半グラフィック・デザイナー。ニュージーランド出身。1999年、イギリス人建築家のマイケル・フランクと、アートユニット「生意気」を結成。かつては、大量のごみを出してしまうスタイルで楽しいアートを追求していたが、現在は廃棄物が出ないような有機的なモノだけで、アート作品の制作に取り組み、家のまわりの約2反(20a)の土地で自然農を行っている。
生意気のHP　http://www.namaiki.com

山川建夫

Takeo Yamakawa

半農半フリーアナウンサー

地球の声を聞き、土に還る

いまから46億年前、この星は火の玉の固まりでした。しかし、その後、奇蹟としかいいようのないことが起こります。生命の誕生です。最初の単細胞生物が海の中で生まれ、やがて、さまざまな生き物たちが、この星のあらゆる空間を埋め尽くしていきました。そして、驚くべきことに、この星が生命に包まれれば包まれるほど、この星のハーモニーが高められていったのです。それは、まるで、絆としかいいようのない、助け合い、支え合い。お互いがお互いを必要とするシステムです。

ところが、私たち人間は、完璧な美しさを誇る地球の生命システムを、あろうことか、おのれの欲望のためだけに壊しまくってきました。いま、この星は、深く傷つき、病んでいるのです。その苦しみのなかで、あらゆる生き物たちが、人間にメッセージを送り続けています。

「もういい加減に、私たちを苦しめることをやめてくれないか!!」

お互いを支え合っていた生き物たちが、人間をも支えていてくれた生き物たちが、永久にこの星から姿を消しています。一刻も早く、この星に対する破壊をやめなければなりません。このところ頻繁に起こる地震、干ばつ、洪水などの天変地異は、苦しむ地球の叫びにほかならないのかもしれません。

私たち人間は、いま、大きな分かれ道の前に立っています。自然を壊し、

親しくしている料理家の中島デコさんの長女の結婚式で、司会を担当。

田んぼでの体験があるから、環境保護の講演もリアルに。

何でもひとりでやるので、たくましくなります。

手植えと手刈りが自慢の田んぼ。

汚したまま、人間中心の世界に突き進んでいくのか？　本来の地球の調和のなかに戻り、ほかの生き物たちと仲よく暮らしていくのか？　答は、明らかです。

地球からのメッセージを謙虚に受け止め、その声に真摯に耳を傾けなければ、私たち人間は、この星から確実に排除されてしまいます。未来の世代のために、そんな事態はなんとしても防がなければなりません。

そのためには、私たちの生存の原点である土に還ることです。そして、私たちが依存しているこの文明を、破壊的にではなく、「生命の地球」とともにある文明に作り変えることです。

山川建夫（やまかわたけお）
1943年まれ。半農半フリーアナウンサー。1985年に、長年司会者として活躍した東京のテレビ局を退局し、千葉県市原市の古民家で自給自足を目指した暮らしを始める。現在、フジテレビアナウンストレーニング講師のほか、映画「地球交響曲」などのナレーション、語り、講演などを行う。市原市加茂地区の里山復活と自然保護を目指すグループ「市原ルネッサンス」代表。敷地内の３畝（3a）の畑と、１反５畝（15a）の田んぼを耕作。
市原ルネッサンスのHP　http://www.ichihara-renaissance.net/

撮影（人物）／TAIJU

きくちゆみ

Yumi Kikuchi　　半農半著作・翻訳家、環境・平和活動家

Be The Change

ガンジーの「Be the change you want to see in the world」という言葉が好き。「世界を変えたければ、まず自分がその変化になれ」というほどの意味だ。1990年にアメリカの銀行の債券ディーラーを辞めて、環境問題の解決をライフワークと決めて以来、ずっと私は変化をし続けているようだ。

一番大きな変化は長年の都会暮らしに終止符を打って、千葉県鴨川市の山間地に移住し、米と野菜を作り始めたこと。1998年に来てもう11年。初めはもちろん見よう見まねだった。でも、いまでは毎年の米作りや梅干し漬け、日々の収穫と料理は、私の暮らしの一部になっている。

毎年梅干しはたっぷり漬けます。大きな梅の樹が、わが家の守り神。

ある日の畑の収穫物です。

麦刈りの一コマ。この麦でパートナーの玄さんが焼いてくれるパンが最高！

毎年の田植えは、家族総出で。都会から、友人たちも手伝いに来ます。

ローフードのイチゴタルトとチョコケーキ。

左／反原発や平和運動に関わっている田中優さんと、オーガニックバー店主の高坂勝さんとトーク。
右／2009年、大阪アースデイでトーク。

9・11事件が起きてすぐ、戦争を止めたくて「グローバル・ピース・キャンペーン」を始めた。ネット上で情報を発信し、請われれば全国世界どこでも講演し、さまざまなイベントを企画。東京平和映画祭、平和省プロジェクト、9・11真相究明国際会議も、そんな活動のなかから生まれた。戦争をしていたら、環境は守れないから。

バタバタ忙しい日々だが、一番大切にしているのは私が日々どう生きて暮らしているかということ。ここ山の中の暮らしでは、私たちに必要なほぼすべてのものを自然が無償で与えてくれる。争わなくても、奪わなくても、大地の恵みのおかげで豊かに生きていける。おまけに、とびきりの健康までいただいた。なんてありがたいこと。

自給のために必要な田畑はわずか2反（20a）。田んぼと畑が1反（10a）ずつ。自然農というと聞こえはいいが、ほったらかしの「楽」農。

次なる夢は、仲間と拠点をハワイ島に作り、ローフード※を中心にした自給暮らしを実践すること。2反という土地の広さは、アメリカでは庭の大きさである。そこで、「庭」で自給して豊かに暮らし、「これだけで争わずに豊かに生きていける」ことをハワイを訪れる人たちに体験してもらう場にするつもりだ。

※ローフードとは、食材を生または低温加熱で食べて、
酵素やビタミン、ミネラルなどを効率よく摂取する食事法。

きくちゆみ
1962年生まれ。半農半著作・翻訳家、環境・平和活動家。マスコミ・金融界を経て、1990年より環境問題の解決をライフワークに。自給自足を目指して南房総に移住し、「ハーモニクスライフセンター」を運営。著書に『地球を愛して生きる』（八月書館、2009年）、『テロ＆戦争詐欺師たちのマッチポンプ』（徳間書店、2009年、共著）など多数。
ブログ　http://kikuchiyumi.blogspot.com

波多野毅

Tsuyoshi Hatano 半農半塾代表・食育エコロジスト

「医食農同源」をコンセプトに

われわれを取り巻く現象の世界は、われわれの心の内面の投射と言える。環境破壊も戦争も、究極的にはわれわれの意識が生んだのだ。世界平和をいくら願っても、自他を別々に観る意識では、結局はエゴを守ろうとする想いに操られるだろう。すべての責任を自らに見出す「我が事」の意識こそ、「奪い合い・争い合い」の世界から「与え合い・分ち合い」の世界への鍵に思う。

私が主宰する「寺子屋TAO塾」では、平和の根本であるこの自他一体の理の感得と、自然の法則に調和する生き方を、医・食・農の実践のなかで学ぶ。漢方でいう「医食同源」を一歩進め、心身の健康の基本は食であり、その食を支えるのが農であるという、「医食農同源」をコンセプトにしている。

農が誤れば食が歪み、食が乱れれば身体が歪む。バランスを壊した心身の状態では、決して平和な社会は実現しない。その意味において、農＝土は平和の礎といえるのだ。

「地球を歩く、木を植える」の中渓宏一君らがTAO塾にステイ。スタッフや息子たちもいっしょに、TAO食育菜園で写真を撮りました。

大きなかぼちゃをもって、ハロウィーンの夜。

TAO食育菜園の無農薬無施肥の田んぼにて。

ちびっこたちは、どろんこが大好き。

人の健康は、食を媒介に土や種の状態、そして空気や水を含めた地球環境と深くリンクしている。元をたどれば人と地球は一体なのだから、当然ともいえる。人は腸の絨毛（せんもう）から、そして植物は根の根毛から栄養を吸収することや、腸内細菌、土壌細菌が医と農それぞれにとって重要な役割を担うなど、医と食は相互に共通点が多いことも非常に興味深い。

食べられる校庭=TAO食育菜園には、国内外からたくさんの青少年たちが集う。農作業に汗したあとは、無農薬で育てた旬の野菜を食材にしたマクロビオティック料理を食べてもらう。

食をとおして、なにより彼らに学んでほしいのが、見えないものへの感謝の心だ。食事とは他の動植物の「いのち」をいただき、継承していくことにほかならない。多くの生き物たちの「いのち」をいただいて、ありとあらゆる自然に支えられて、いまここに生かされて生きている自分を自覚するのが食育の真髄だろう。

そのイメージ力こそ、世界の飢餓や環境破壊、戦争をも「我が事」に感じさせる感性をつむぎだす力となるのだ。

波多野毅（はたのつよし）
半農半塾代表・食育エコロジスト。教科学習のほか、世界人講座・社会人講座・食育講座などユニークな学習の機会も提供する寺子屋TAO塾を主宰。一般に向けても、教育・健康・環境に関わるプロジェクトを推進している。著書に「医食農同源の論理」（南方新社、2004年）がある。「TAO食育菜園」の畑は5反（50a）、田んぼは3反（30a）。
寺子屋TAO塾のHP　http://www.taocomm.net/

岡部賢二

Kenji Okabe　半農半マクロビオティック指導者

自然のリズムを取り戻すとき

畑や田んぼの中にいるとホッとするのは、大地や太陽、風や空気の恵みをたっぷり感じ、充電できるからかもしれません。

大地の恵みとは、すべてを受け入れる愛です。どんな種が飛んできても、それを差別せず、無条件に受け入れて育み続けてくれるのが大地です。どんなに人間が汚れをばらまき続けても、大地は黙って受け入れて浄化し続けてくれます。

太陽の恵みも愛です。どんな人間や動物、植物にも無条件で光やぬくもりを与え続けてくれます。国籍が違うから、宗教が違うから、肌の色が違うから、意見が違うからと言って差別したり、排斥したり、攻撃したりせず、すべてを認めて温かく包みこんでくれるのが太陽の光です。

空気も無条件で酸素を与え、風も無条件で湿度や温度調整をしています。

そのような無条件の愛に包まれた自然のなかに浸っていると、それだけで豊かな気持ちになれます。そんな宇宙万物の恵みを受けて育まれるのが、自然栽培の作物です。手間ひまを惜しまず自然堆肥をつくり、農薬や除草剤

マクロビオティックのセミナーやイベントは、西日本が中心ですが、東京都内や名古屋でも行っています。

おいしいお米ができたら、マクロビオティックレストランで出される。

趣味は農作業！

を使わずに汗水たらして草を引き（取り）、真心こめて作りだされた作物には、無限の愛が詰まっていると言っても過言ではありません。

大地と共に自然を感じながら生き、そんな愛が詰まった食べ物を日々食べていると、どんな人も素敵だと認め合えるような意識に目覚めていけると思います。自然界は多様性の世界です。すべてが刻々と変化し、さまざまな植物や動物が混然一体となって調和して暮らしています。土と共に生きるとき、そのような調和の素晴らしさに気づき、人類みな兄弟といった平和な心にいたることができるのではないでしょうか。

私は日々マクロビオティックの講演会で忙しく動き回っていますが、田んぼで田植えをしたり、稲刈りをしたり、家庭菜園で野菜作りをしている瞬間が、なによりも癒されるときであると感じています。農の世界と関わることで、「人間にとって本当に何が大切か」ということがわかってきました。「大地の上で自然のリズムを取り戻す」。これが私のこれからのテーマです。

岡部賢二（おかべけんじ）
1961年生まれ。半農半マクロビオティック指導者。福岡県うきは市を拠点に、「ムスビの会」を主宰。「マクロビオティック九州」代表。2006年に、マクロビオティックレストラン「ながいわの郷ムスビ」をオープン。著書に『マワリテメクル小宇宙』（ムスビの会、2005年）、『月のリズムでダイエット』（サンマーク出版、2008年）がある。農業の勉強のために、友人の４反（40a）の田んぼで無農薬の米作りの手伝いをし、その米を使った食事をレストランで提供中。家庭菜園は、１畝（1a）弱。
ムスビの会のHP　htttp://www.musubinokai.jp

林 良樹

Yoshiki Hayashi　　半農半地球芸術家

地球芸術～21世紀はすべての人がアーティスト～

ぼくたちは、科学技術の発展により、宇宙からこの星を見ることができるようになった。漆黒の宇宙空間に浮かぶ、息をのむほど美しい惑星・地球。ぼくたち人類は、その地球を戦争で傷つけ、環境破壊により汚し、砂漠化を進ませ、青い星から茶色い星へと変色させている。

しかし、ぼくたち人類は、「地球はひとつの生命体である」という地球意識に目覚め始めている。そして、ぼくたちは、地球というキャンバスに、自分自身という絵筆を使って、行為という色を塗り、この星に緑豊かで平和な世界という絵を描くことができる。民族、国家、宗教、イデオロギーを超え、全人類と、いや全生命とコラボした、この壮大なアートは、地球意識に目覚めた人類の新しい美術活動「地球芸術～アースアート」だ。

21世紀は美の概念が拡大し、絵を描いたり音楽を奏でるだけでなく、地球意識で生きることもアートになる。都会のベランダや小さな田畑で自分の食べる物を作ることも、できるだけ地元のものを食べることも、フェアトレード商品を買うことも、ビーチでごみを拾うことも、里山でシンプルに暮らすことも、地域通貨を使うことも、コミュニティ作りをすることも、持続可

実りの秋を迎えた喜び。

おだがけの準備。稲を天日干しします。

春らんまん。満開の桜を山里で楽しみます。

日本の原風景が、ここにはあります。

古民家を夫婦ふたりで改造。壁も自分たちで作り直しました。

鴨川をエコビレッジにしていきます。

能な社会に向かって行動する人は、みんな地球芸術家だ。

この、誰でも参加できる地球芸術は、誰も傷つけず、どこも汚さない笑顔の革命、「スマイル・レボリューション」。一人ひとりが、この地球芸術を創造するための大切な絵筆であり、なくてはならない色なのだ。それはまるで、地球という大きな生命体に生きる60億の細胞が、自らの病を癒し、自分自身を変容させるように、ぼくたちはいま、ゆっくりと生まれ変わろうとしている。「分離、対立、競争」から、「融合、共生、調和」の世界へと。

そして、60億の一人ひとりが、真に自由に、心平和に地球と共に生きるとき、この地球芸術は完成し、ワンネス！ ぼくらはひとつになる。

林良樹（はやしよしき）
半農半地球芸術家。絵描き。地域通貨「安房マネー」運営委員。NPO法人「うず」理事長。農事組合法人「鴨川自然王国」理事。T&T研究所研究員。アメリカ、アジア、ヨーロッパ放浪後、日本の農村をめぐり、1999年に千葉県鴨川市の古民家に移住。約1反半（15a）、7枚の棚田で無農薬のお米を作り、日々ワンネスへ向かって歩んでいる。

撮影（人物）／Yuko Iida　撮影（農作業）／Kco sawada

山内美陽子

Miyoko Yamauchi　半農半造園プランナー

農はサスティナブルなつながりのこと

「都会でも半農半Xはできる（実際は、1農か2農でも）」。そう考えて、自宅ビルの屋上で畑を作り、「空畑（そらはた）」と名づけた。そして、都会でも緑・土・農のある暮らしが少しでもできたらと、「空畑クラブ」というゆるいクラブを作ったり、自宅の屋上を開放して、「谷町空庭（たにまちそらにわ）」という、空に近い庭を作ったりしている。

都会育ちの反動か、大学は農学部に入り、市民農園などで土のある暮らしを始めた。目の前の土と向き合う（格闘する？）時間をもつと、精神が安定し、自分のよりどころはここだという「土台」ができる気がする。また、自分一人で生きているのではなく、生かされていると実感した。

いのちを育む土台である「農」の軽視。それは、「つながり」の軽視とも思える。他者との密接な関わりを絶ち、自分たちさえよければよいとする発想は、持続可能ではない。

食と農の魅力を実感し、みんなで農林漁業を盛り上げていくことが、平和な明日につながっていくと思う。

屋上で元気に育つ作物と。

上／空庭の空畑で採れた夏野菜。下／大阪府枚方市の杉五兵衛さんとの体験農園「ハタケスクール」の風景。

山内美陽子（やまうちみよこ）
1973年生まれ。半農半造園プランナー・空庭コーディネーター。自宅の古いビルの屋上とその階下を、谷町空庭というサードスペース（カフェ＆フリースペース）として開放。2007年より、ベランダや屋上、周辺農地をみんなで耕す“都市住民のプチ自給農プロジェクト”空畑クラブを展開中。2009年からは、枚方市で体験農園「ハタケスクール」も開始。
空畑クラブのHP　http://www.soraniwa.net/sorahata/

馬場 勇

Isamu Baba

半農半ブルワー

穀物が宝石のように思えてくる

2004年、定年を12年残して退職した私は、自称百姓になるとともに、地ビール工房を開設しました。以来、「小農・少具・自給」に加えて、「百の仕事をこなす」とか「百の作物を栽培する」というキーワードに合致する百姓生活を希求しています。

地ビール工房は自給農産物の加工がねらいなので、百姓の一環だと考えています。アルコールアレルギーである私が、なぜ地ビールかというと、ビールの醸造では穀物を籾殻(もみがら)まで活用できるからです。ていねいな農を実践していると、穀物の一粒一粒が宝石のように思えてくるので、その穀物を外皮まで活用したいと考えました。

ていねいな農の実践現場では、土を愛しみ、育てます。土を育てることは、農場やその周辺に棲む微生物や小動物をはじめ、あらゆる生き物を愛しむことです。

発芽、茎立ち、出穂、開花、登熟、収穫と、それぞれの時期に、心打つ驚きや感動との出会いがあります。こうした活動は、少なからず私たちの心を穏やかにし、平和にしていくでしょう。

畑で作った麦や雑穀で地ビールを造ります。百姓は大変忙しいですが、私はこの生活が充実しており、とても幸せです。

馬場勇（ばばいさむ）

1945年生まれ。半農半ブルワー（ビール造り）。電子工学と情報科学の研究・教育に従事しながら家庭菜園を行っていたが、1994年に埼玉県小川町に移り住み、農地を借りて本格的な自給活動を始める。2004年、早期退職して百姓となり、地ビール醸造所「麦雑穀工房マイクロブルワリー」を開設。麦類、雑穀類、果物、野菜を2反（20a）の畑で耕作。有機栽培した麦や雑穀を使った地ビールを、カウンター席で味わえる。

HP　http://www.craft-beer.net/zkm.html

隅岡樹里

Zyuri Sumioka　半農半カフェオーナー

料理と農は切り離せない

私は農が身近な地域で育ちましたが、両親は農的な暮らしをしていませんでした。だから、私は親の世代の影響を受けることなく、自分たちの食べる物を自分たちの手で育て、おいしくアレンジしていただくという新しい視点で農を取り入れることができたのでしょう。

私にとっては、料理を作ることが半農半XのX（大好きな仕事・天職）です。料理には、農が切り離せません。種を播き、花が咲き、実をつけ、そのいのちをいただくなかで、生きているいのちに活かされていることに気づかされる毎日です。

自然に秘められた力は、本当に素晴らしい。土の中には実にたくさんの生き物がいて、みな共生して、よりよいものを結果として創りあげています。限られた地球という世界のなかで、人が学ぶべきありようがそこには詰まっていると思います。

農を誇りに思える仲間が、次の時代をよりよいものとして扉を開くときです。たくさんの仲間が、自分自身の喜ぶXを見つけ、平和に、そして農で一つにつながるそのときを夢見て。

春は、野草摘みも農のうち。

みんなと農で一つにつながることを夢みて……。

小豆が収穫できました。

隅岡樹里（すみおかじゅり）
1978年生まれ。半農半カフェオーナー。京都市左京区静市静原町の自宅を開放した予約制のベジタリアン・自然食カフェ「CAFÉ MILLET」を営む。夫と共に、子どもたちが自由に遊べ、おいしい野菜と自然を感じられるツリーハウスやEco+Art village作りなども進めている。耕作地は田んぼが5畝（5a）、パン用の小麦の畑が1反（10a）、野菜の畑が5畝（5a）。
CAFE MILLETのHP　http://www.cafemillet.jp/

Part 4

農の流通に熱くなる

安全で、おいしい食材を、消費者に届けることに、
情熱を傾けている人たちがいます。
裏方に徹し、人びとの幸せを願う。
彼らは農を活性化させる要であり、
消費者と土をつなぐ役割も担っているのです。

藤田和芳

Kazuyoshi Fuzita

大地を守る会会長

役割を認め合う世界に

「大地を守る会」は、フェアトレードで、パレスチナからオリーブオイルを輸入しています。数年前、このパレスチナの農村に農道を作ろうと、カンパを募ったことがありました。石ころだらけのオリーブ畑に農道ができたら、どんなにいいだろう。収穫はロバでやっているが、農道があれば、軽トラックが入れる。こうして集めたお金で、1.3㎞の農道を作りました。

パレスチナのヨルダン川西岸地区では、イスラエルの入植地政策が強行され、人びとは土地を奪われ、農地を遮断されて、農作業をするのも困難な状況が続いています。パレスチナの農民にとって、オリーブを生産することは、まさに生きることであり、抵抗の証（あかし）でもあるのです。私たちは、作った農道を「平和の農道」と名づけました。

日本に有機農業を広めようと考えて、私たちが大地を守る会を設立したのは1975年です。当時、私たちは有吉佐和子さんの小説『複合汚染』（新潮社、1975年）に大きく影響を受けました。そこに書かれていたのは、次のようなことです。

「畑や田んぼに、ミミズやドジョウやトンボがいなくなった。ホタルも飛ばなくなった。小動物が次々と死んでいる。これはみな農薬を撒きすぎた結果なのですよ。小動物の世界で起こっていることは、いずれ人間の世界にも起こるかもしれない」

私たちが始めた有機農業運動は、ミミズや微生物とも共存することを意味しました。また、虫食いキャベツや曲がったキュウリを、容認することでもありました。自然界から生み出される

出荷量が少なくて注文を受けられないものや、たくさん収穫できた野菜や果物を、ムダにすることなく、セットにして宅配する、「畑の応援団」ベジタ。

埼玉県本庄市の畑を視察。生産者の瀬山公一さんと。

無農薬栽培でとうもろこしやなすを育てる瀬山明さんは、親子で大地を守る会の生産者。

ものを、人間だけが独り占めしていいはずはない。小さな虫たちを目の敵にして、農薬で殺し尽くす農業とは、いったいどのようなものか。

人間は、自然界の生み出すあらゆるいのちに生かされ、微生物の働きや小動物の営みに助けられてこそ、生きていけます。多様性を認め、自然界でも人間の世界でも、それぞれの役割を認め合いながら生きていこうとすれば、そこには争いがなくなるでしょう。

そう考えると、日本の有機農業運動は、単に安全な農産物を作るだけでなく、自然と人間、人間と社会のありようを変える運動でもあったと思うのです。パレスチナに平和の農道を作ってみて、改めてその思いを強くしました。

大地を守る会
1975年に、「農薬に頼らない野菜を作る人と、その野菜を買う人を結ぶことで、自然豊かな大地を広げていこう」というコンセプトで設立された、オーガニック宅配のパイオニア企業。有機野菜や国産の自然食品などを宅配するサービスを展開する。
HP　http://www.daichi.or.jp/

藤田和芳（ふじたかずよし）
1947年生まれ。1975年に「大地を守る会」設立に参画。1983年より会長に就任。有機農業運動をはじめ、食料、環境、医療、エネルギー、教育などの諸問題に対し、積極的な活動を展開している。株式会社「大地」代表取締役、「100万人のキャンドルナイト」呼びかけ人代表、「全国学校給食を考える会」顧問なども兼任。著書に『ダイコン1本からの革命』（工作舎、2005年）など、共著に『いのちと暮らしを守る株式会社』（学陽書房、1992年）がある。

高橋慶子

Keiko Takahashi
東京朝市アースデイマーケット実行委員

農の豊かさを伝えたい

生まれたときから、農は私のすぐ近くにありました。見渡す限りの田んぼや畑。降るように響きわたるカエルの鳴き声。季節を追うごとに成長し、色づいていく稲穂。岩手県石鳥谷（いしどりや）町（現在は花巻市）で生まれ育った私にとって、農はあまりに身近で、意識することすらないほど当たり前のものでした。

東京の大学に進学し、初めて帰省した夏休み。東北新幹線の新花巻駅から車で家に向かう途中、青空のもとに広がる故郷の景色にハッとしました。折り重なる田んぼと、風に揺れる稲。それは、子どものころから毎日眺めてきた景色であったにもかかわらず、圧倒的に美しい。新しい刺激ばかりを求めていたそのころの私は、このとき初めて自分の足元に出会ったのです。

私が知っているこの農村の豊かさを、できるだけたくさんの人に伝えたい。いま、私が「東京朝市アースデイマーケット」に取り組む思いの源は、ここにあります。

みやもと山の畑にて。東京に越して来てまもなくのころ（34・35ページ参照）、土が恋しくなり、草取りツアーに参加しました。

アースデイマーケットに足を運んでくれるお客さんは、いまでは毎回1万人をゆうに超えるようになりました。鮮度のよさ、旬のおいしさ、安全性などで好評をいただいています。とりわけ人気を集めるのは、農家そのものがもつ魅力です。「農家さんと話がしたい」という声の多さに、スタッフである私たちは、いつも驚かされてきました。

想像するに、都会に暮らす多くの人が、渇いた喉をうるおすよう

竹製のテントがズラリと並ぶ、アースデイマーケット。関東エリアの生産者が、旬の新鮮な野菜を販売しています。

に、農家に会いにくるのでしょう。両者の暮らしは対照的です。アスファルトやコンクリートに囲まれた空間と、土や水に囲まれた空間。パソコンに向かい、手を動かす仕事と、大地に向かい、汗を流す仕事。人間がすべて決めるスケジュールと、自然のリズムに寄り添わなければ決められないスケジュール……。

都会人たちの多くが、意識的あるいは無意識のうちに農に触れたくなる欲求は、とても自然なことのように思います。

もし、私が平和の絵を描くなら、よく知っている故郷の風景を描くでしょう。それは、たくさんのいのちに囲まれた空間。長い年月をかけ、人が飽くこともなく手入れをし、鳥や虫や草木と共に生きてきた農村の風景です。

いま私は、農の豊かさを、そして農村の魅力を伝えられるアースデイマーケットに関わっていることを、誇りに思います。

東京朝市アースデイマーケット
2006年4月にスタートしたファーマーズマーケット。農薬や化学肥料を使わずに栽培された野菜を中心に、手作りの加工食品、フェアトレードグッズ、エコ雑貨などが販売される。生産者自身が売り場に立つため、消費者は会話を楽しみながら買い物を楽しむことができる。代々木公園（渋谷区）、港区立エコプラザ、東雲（しののめ）キャナルコート（江東区）などで開催中。
HP www.earthdaymarket.com

高橋慶子（たかはしけいこ）
1973年生まれ。東京朝市アースデイマーケット実行委員。大学卒業後は岩手県庁に9年間勤務し、地域振興やNPO政策などを担当。2006年より、アースデイマーケットの運営に携わる。現在は港区立エコプラザのスタッフも務める。

清水仁司

Hitoshi Shimizu　　がいあプロジェクト代表

幸せを拡げられる仕事

山や川があり、畑や田んぼがある風景が、とても好きです。

ぼくは都会育ちですが、小さなころから父親に連れられ、千葉の田舎に毎週行っていました。水田の用水路でどじょうを捕り、捕ったままでは終わらず、毎回食べていたものです。さすがにタナゴやザリガニは食べませんでしたが……。おとなになってもそんな楽しさが、何事にも変えがたい喜びとして記憶に残っています。

いま営んでいるのは、「GAIA」というよろず屋のような自然食の八百屋です。大都会にいながらも、「生き物が住む畑や田んぼ、鳥や動物と共存できる雑木林を、少しでも多く次世代に残せたらいいなあ」という思いで、日々働いています。その場所に子どもたちの遊び場が、いつの時代にもあることを期待しながら……。

小さなころの体験から、ぼくはいつしか百姓になりたいという思いをもったまま、GAIAと出会いました。そして、私の人生に多大な影響を与えることになる、成田の東峰（とうほう）で百姓をしている小泉英政さん（36・37ページ参照）とめぐりあうことができたのです。

店内に並ぶ有機野菜。どれもよりすぐりのおいしいものばかり。

GAIA御茶の水店の前で。

GAIA主催で、収穫お手伝いツアーも行っています。もともと農業をやりたかったので、気合いが入ります。

最近GAIAでは、「しあわせ食堂」という短期間の食堂をやりました。みんな、幸せが大好きです。ぼくは、おいしいご飯（と酒）を、大好きな仲間と食べているときがホントに幸せだと思うのですが、小泉さんの農園で食べるような百姓ご飯はもっと好き！　土の近くで食べるからか、空気がいいからだろうか？　とにかく、うまい。

スペシャルなのは、小泉さんちのお正月。小泉さんが穫った自家製のくわいやれんこん、天然のゆりねや自然薯などが、食卓に並びます。まさしく里山ご飯。これをいただくときは、なんともいえない幸せにひたります。

こんな幸せを拡げられる仕事がしたい。日々感謝しながら、一人の社会人として幸せを拡めていけるよう、生きていきたい。幸せの前提である平和を大切にして。

GAIA
有機野菜をはじめ、作り手の心意気が伝わる食品、石けん、オーガニック系の本、ナチュラルコスメやフェアトレード雑貨などの小売り、通販、卸を行っている。1989年に東京都千代田区神田神保町に開店し、1991年に現在の御茶の水店（千代田区神田駿河台）に移転。2004年に代々木上原店（渋谷区西原）、2007年に下北沢店・GAIA食堂（世田谷区代沢／物販はなし）をオープンさせる。
HP　www.gaia-ochanomizu.co.jp/

清水仁司（しみずひとし）
1970年生まれ。「がいあプロジェクト」代表。1990年、大学時代からアルバイトをしていたGAIAに入社。1991年の店舗移転と同時に、店長的な立場となる。1994年より正式に代表となり、現在に至る。

撮影（店頭の人物と野菜）／久保田真理　撮影（稲刈り）／小泉壱徳

磯貝昌寛

Masahiro Isogai

こくさいや代表

土から信用される生き方

商いは、信用第一だといわれます。お客さんからの信用、生産者や加工者、問屋さんからの信用、働く者同士の信用です。この三つの信用が基礎となって、商いはまわっていきます。まさに三位一体です。しかし、もっともっと大きな、この三つの信用がよりどころとする信用がなくてはなりません。三つの信用が三角形を形作り、その中心にある信用です。それが、「土からの信用」です。

土からの信用とは、大きくいえば大自然からの信用であり、大宇宙からの信用です。大地は地球の中心から湧き出るエネルギー、太陽からのエネルギー、そして月からのエネルギーが調和して流れています。その調和した流れをさえぎってはいけない。

私たちは体にコリがあると、血液の流れが悪くなり、体調をくずしますよね。心にコリがあれば、憂鬱な気分になりますよね。それと同じで、土にコリがあると、植物は上手に生長できず、ときには病気になったりするのです。体と同じように、土もコリをほぐすことで、大地の奥深くから湧き出るエネルギーが遮断されることなく大地の表面までとどき、人間があえて肥料を施

マクロビオティック食材が豊富にそろう、こくさいや。通販も充実しています。

こくさいやの売り場には、自然栽培の野菜や果物が並ぶ。写真の野菜の８割は、実家の天恵の里の作物。

群馬県富岡市の天恵の里の田んぼ。忙しい時期には、手伝いに行って汗をかきます。

さずとも、自然に育っていきます。

土のコリにも強弱があり、化学肥料は強いコリを生じさせ、有機肥料であってもそれなりのコリを作ってしまいます。これらのコリを与えない、さらにはできてしまったコリをほぐす農法が、自然農法です。

現代人は肉や卵や乳製品、さらには化学調味料などの摂取で、心身にたくさんのコリを作っています。これらのコリをほぐすのは自然農法で育まれた植物であり、穀物菜食です。心身のコリがとれると、体がイキイキし、心がワクワクする人生が歩めます。その素晴らしさを伝えていくために、穀菜食の店「こくさいや」を運営しています。

こくさいや
東京都練馬区にある自然食品店。穀菜食料理研究家の大森一慧(かずえ)氏が拠点にしている「宇宙法則研究会」のアンテナショップ。野菜・果物はすべて無農薬栽培のもので、自然農場「天恵の里」の穀物や野菜、その他こだわりのオリジナル商品を多く取り扱う。食養相談や勉強会もある。
練馬区大泉町２丁目8-5 TEL03-3925-0914

磯貝昌寛(いそがいまさひろ)
1976年生まれ。こくさいや代表、宇宙法則研究会スタッフ。1997年、食養の第一人者・故大森英櫻(ひでお)氏の助手として、同氏が会長を務める宇宙法則研究会に入会。2000年、こくさいやを開店し、代表となる。現在、食養指導を中心に両方の運営に携わる。父の磯貝香津夫氏が営む自然農場天恵の里の２町歩(2ha)の田畑には、農繁期に手伝いに行く。

田中昭彦

Akihiko Tanaka　関西よつ葉連絡会事務局長

土は偉い

現在は、事務局で書く仕事が多いという田中さん。

能勢農場の仲間たち。1年間、牛の世話と農作業をしました。

私たちは、どこでも、誰でも、いまからでも農業を始めることは可能だと信じている。

最近、「腐植※」について仲間と改めて勉強会をした。「土は偉い」と思うと同時に、昔、和歌山で長年みかん作りをしてきた篤農家の方の言葉を思い出した。

「土作りという言葉は、間違っていると思うんです。ぼくは、どんなところでも植物は育つと思っています」

人間は、野菜や穀物が自然のなかで育つ手伝いをしているだけで、決して食べ物（いのち）を作り出しているわけではない。私たち自身も自然の一部であり、「いのちのつながり」の内側で生きている。

土と直接つながって生活していた時代から、人びとが徐々に土とのつながりを断ち切ってきた歴史の過程。この社会のありさまは、人間がどこかで大きな「勘ちがい」をした結果なのかもしれない。

かつては、農作業（仕事）も料理も育児も、家庭や地域（村）で共同して行ってきた。そんな社会の復権を願っている。

※土の中で動植物や微生物の遺体や排泄物が、小動物や微生物によって分解・再合成されてできる有機物。

関西よつ葉連絡会
1976年の創設以来、300軒以上の地場農家や全国の信頼できる生産者の仲間と共に、関西圏の消費者会員（現在4万世帯）との産直運動を続けている。また、健康な牛・豚を自分たちで肥育する農場、食肉加工、ハム・ソーセージ、豆腐、惣菜、パン、水産品、漬物、精米などの食品工場を設立し、自分たちで運営してきた。
HP　http://www.yotuba.gr.jp/

田中昭彦（たなかあきひこ）
1955年生まれ。関西よつ葉連絡会の複数の事業所で勤務。食肉の一貫生産・加工、野菜の栽培・販売および農業体験などを行っている能勢（のせ）農場（大阪府能勢町）で、牛の世話と農作業に1年間従事。2008年より、関西よつ葉連絡会事務局長に就任。

岸健二

Kenji Kishi　　コープ自然派リンクス代表取締役

いのちを愛（いと）しむ心を養う

有吉佐和子さんの『複合汚染』のなかで、農薬や化学肥料が、化学兵器や爆弾など、いのちを奪う兵器の延長・応用であることにふれられていたと思います。私は、いのちを育むはずの食べものが、いのちを奪うための技術によって作られていることに、最大の矛盾を感じていました。

その矛盾に新たな実感をもって接したのは、「田んぼの生きもの調査」活動です。慣行田（一般的な農法が行われている田んぼ）と無農薬田で比較しながら調査活動を重ねるごとに、生き物のボリュームが全然違うことがわかりました。有機の田んぼはいのちの繁茂であり、除草剤を撒いたあとの田んぼは生きものの息吹が感じられません。

第二次世界大戦後は、戦争に代わって農薬が殺戮（さつりく）兵器となってどれだけのいのちを奪ったか？　形こそ違うが、田んぼのなかでいのちを奪う戦争が繰り広げられてきたのです。

いのちを愛しむ心は、平和を願う気持ちとよく似ていると思います。田んぼの生きもの調査など、いのちと農を大切にする活動をとおして、いのちを愛しむ心を養っていきたいと思います。

来春は、宅配で販売している「ツルをよぶお米」の生産地に、念願の「有機のがっこう」を開校することになっています。

コープ自然派
関西・四国地方を中心とした地域生協が、同じ理念のもとで協力し合って運営する生協連合。高い安全基準をもった商品を取り扱っている。生産者と消費者の顔の見える関係を大切にし、自然を守り、自然と共存する暮らしの実現を目指す。自然の営みを肌で感じ、いのちの循環のなかで私たちも生かされていることを学ぶ、田んぼの生きもの調査も行っている。

岸健二（きしけんじ）
1962年生まれ。コープ自然派事業連合・有機農業推進担当理事㈱コープ自然派リンクス代表取締役）。徳島有機農業推進協議会代表。徳島有機農業を育てる会世話人。「有機のがっこう」の運営団体「NPOとくしま有機農業サポート」設立代表者。

桜井芳明

Yoshiaki Sakurai　　わらべ村

農業の原点を垣間見て

長い間、契約農家さんに有機栽培をお願いしてきたのですが、自社で農場の運営を始めたら、いままで見えなかったことが見えてきました。たとえば農家の収入と支出の関係であるとか、天候の心配であるとか。そして、いまでは、現在の農産物の価格は正当なのか安すぎるのかを考えています。

そんななか、中米のドミニカ共和国のカカオ豆栽培農家を訪問してきました。国が貧しく、農家の金銭的収入は少ないものの、畑にはバナナが植えられ、タロイモ（キャッサバ）を家の裏庭で栽培。鶏は文字どおり放し飼いで、卵を見つけそこなうとヒナが走り回る、自然の王国ともいえる環境です。そのなかで、あせらずにノンビリと生活している光景は、毎日が時間に追われている私にとって、大変うらやましく思えました。

村の人びとは、まさに和気あいあいの平和な生活。農業の原点を垣間見た思いです。

桜井食品の工場の横に、わらべ村を併設。

店内には、安心食材やナチュラル雑貨が並びます。

桜井食品の、そばの乾燥場内にて。

わらべ村
1994年、動物性原料を使わない食品と、農薬や食品添加物を使用していない食品を中心にした、自然食品の通信販売をスタート。翌1995年に店舗を開設し,今日に至る。「食卓から始める生命・地球・カラダにやさしい生活。私にできる非暴力」をテーマに、食品に加えて、キッチングツズや化粧品、コットン、書籍など約2000種類の商品をそろえて、ライフスタイルの提案をしている。　HP　http://www.warabe.co.jp/

桜井芳明（さくらいよしあき）
1948年生まれ。食品問屋で修業ののちに実家に戻り、麺類を製造する「桜井食品」を継ぐ。2004年、岩手県藤沢町に、耕作面積約7haの農業法人を設立。全面積を有機農場として、小麦と大豆、大麦、そばを生産している。アルゼンチンでも、共同経営の農場を営む。

伊藤志歩

Shiho Ito　　　　やさい暮らし

大地の愛に気づく

やさい暮らしで扱う野菜は、有機栽培のもののみ。

やさい暮らしで紹介している農家さんの日常を、本に書きました。

「やさい暮らし」という、有機農家さんたちの野菜やお米を紹介するインターネットショップを2006年にスタート。日々、農家さんたちにふれあうなかで、いつしか、彼らの自給自足的な暮らしに憧れるようになり、田舎に移住して、地域の仲間たちと米作りを始めました。

小さいながらも自分の田んぼをもつことで、感じたことがあります。それは、「ここでは争う意味がない」ということ。農作業は重労働なので、一人でするより仲間といっしょに働いたほうがたくさんできるし、楽しい。

恵みは田んぼやお天道様や水が与えてくれるから、私たちは恵みを分かち合えばいいのだ。人は自然に愛されていて、生きていくために必要な糧を与えられている。だから、安心して仲よくすればいい。

人は弱い生き物だから、つい奪い合ったり、一人占めしようとしてしまうのかもしれない。けれど、大切なのは大地の愛に気づくこと。そうすれば、誰もが強く、優しくなれる。そんな気がしています。

やさい暮らし
インターネット上で好きな有機農家を選んで、その農家が作った野菜や米を買える八百屋。農家の基準は、「農薬、化学肥料、添加物を使わない」。農家インタビューや畑レポートで、どういう農家なのか、どんな思いで農家になったのか、どういった畑なのかを知ることができる。　HP　http://www.yasai-gurashi.com/

伊藤志歩（いとうしほ）
広告会社でカメラマンとして勤務後、フランスや日本国内を旅するなかで、農家と消費者との乖離（かいり）に気づき、野菜の流通業を志す。有機野菜流通会社勤務を経て、2006年、野菜のセレクトショップ「やさい暮らし」を立ち上げる。著書に『畑のある生活』（朝日出版社、2008年）、『やさい暮らしを、はじめませんか。』（ポプラ社、2009年）がある。

種まきメッセージ Tanemaki Message

「種まき大作戦」や「土と平和の祭典」にボランティアでかかわっている７人からも、メッセージをいただきました。「土から平和へ」を、いつも意識している彼らの声は、ゆっくりと、優しく、まわりに響いていき、イベントに参加する人たちに伝わっていきます。

虹色の地球へ……澤田佳子

きっと、夢を見ているのだろう。

緑でおおわれた大地はいのちの喜びであふれ、高く澄んだ空のもとに広がる海は、はるかに碧い。そして、すべての心は、安らぎで満ちている。そんな虹色の地球に、私たちは生きていると。

世界のブルーフィルムを描きながら、私は土色の大地に種を播き、刻々と彩（いろ）を変える葉の緑に心を躍らせ、黄金の稲穂に感謝を捧げる。太陽がもたらすセンス・オブ・ワンダー。七色の光が絵の具となって、世界を虹色に輝かせる。私たちはその絵筆。種を播き、いのちを育みながら、地球に鮮やかな夢を描いていこう。

澤田佳子（さわだけいこ）
1974年生まれ。言葉と光で地球を描く仕事をする（文筆・写真）。種まき大作戦での役割は、「はじめる自給チャレンジ」の記録と運営。農は、「棚田チャレンジ」「手前味噌チャレンジ」、水田のトラスト会員のほか、毎年恒例行事と化した田植えと稲刈りのハシゴ。家の前には、発泡スチロールのミニ田んぼあり。

美しく、まぶしい農家さん……田中利昌

今回、この本でカメラマンを務めさせていただいた。農家さんは大地に抱かれるなかで、己の無力さを知り、あきらめること、委ねることがスッとできる。ぼくはというと、どんな構図がいいとか、しぼりはいくつでとか、頭のなかでグルグルと独り相撲。もっと目を開いて、耳を澄まして、心を空にしてシャッターを切れるようになりたい。彼らは本当に美しく、まぶしかった。彼らの行く先に、平和があると思う

田中利昌（たなかとしまさ）
1977年生まれ。ウエブ関係の仕事に従事。種まき大作戦での役割は、主にカメラマン。農は、畑や田んぼイベントの撮影時に、農作業に参加。

食を育む風土を思いやる……………………間宮俊賢

飲食店という食の現場から、人の意識の劇的な変化を肌で感じている。うわべだけの「安心、安全」を金で買っても何も解決しないことに、もはや、みんな気づいている。食の作り手と、食を育む風土を思いやり、尊重し合い、共に豊かな「未来の食卓」をつむいでいく。これが、ぼくらの世代の新しい流儀。フードハートの時代がやってきた!

間宮俊賢(まみやとしまさ)
1977年生まれ。東京都国分寺市の「カフェスロー」店長。種まき大作戦での役割は、店での関連イベントの開催などを通じて、ムーブメントの発信をバックアップ。農は、自宅の前の畑のほか、棚田チャレンジに参加。いつかは店の畑をもちたいと夢見つつ……。

泥まみれに至上の幸福。……………………大越映子

畑にうずくまり、黙々と作業をする。土のなかに生きるものたちのかすかな呼吸、匂い、ささやき。それは、微小なものたちと土、大地、そして宇宙との連続性・同一性を思い起こさせる。ああ、誰も彼も私も、あなたと一体でしたね。ふと、そう体が想起する瞬間。気が満たされていく感覚。泥まみれ、きつい肉体労働のさなかに至上の幸福。

大越映子(おおこしえいこ)
1967年生まれ。フリーライター。種まき大作戦での役割は、「自然酒チャレンジ」。土と平和の祭典で、竹テント&ステージ設営。当日はトージバの活動紹介を担当。農は、トージバの大豆レボリューションなどに参加。援農と、帰省時に実家の自給畑を手伝う。

畑は無心になれるところ……………………各務千佳代

これまでの人生のなかで、ずっとマテリアルガールであった私。ひょんなことから知り合った友人の畑を手伝いに行って、見つけたのは、本当に無心になれること。目の前の土や雑草や野菜と本気の格闘(笑)。そして、雨とか晴れとか、暑いとか寒いとか、それに比べたら人間はなんてちっぽけな生き物かと気づいたこと。THANK YOU!

各務千佳代(かがみちかよ)
1959年生まれ。兼業主婦(派遣)。種まき大作戦での役割は、なんでも屋。農は、庭に野菜を少々。茨城県八郷(やさと)町(現在は石岡市)の友人の無農薬の畑をときどき手伝う。援農に参加することも。

ヒトが土に近づくことの大切さ　青木秀之

2009年7月31日、NASAのスペースシャトル・エンデバーで帰還した宇宙飛行士の若田光一さんが、記者会見で「ハッチが開いて草の香りがシャトルに入ってきたとき、地球に迎え入れられた気がした」とおっしゃっていた。ヒトが緊張を解きほぐし、他の生物と共生する感覚を呼び覚ましたのは、宇宙ステーションよりも土に近づいた瞬間だったのだ。ヒトが土に近づくことの大切さが、そこにあるように思えた。

青木秀之（あおきひでゆき）
1971年生まれ。研究員＆プランナー。種まき大作戦での役割は、「ビールチャレンジ」の準備会。土と平和の祭典での会場作りに向けた、材料調達コーディネート。農は、千葉県成田市と佐原市の1反（10a）の田畑で、地大豆や佐原のコシヒカリ、六条大麦、野菜、ハーブを栽培。大豆レボリューションの種大豆オーナー歴4年。

土から元気！　吉度日央里

料理をしていると、作り手が元気になってくる食材がある。買ってきたピーマンに包丁を入れても何も起こらないが、自分で育てたピーマンは違う！洗って、まな板にのせて、包丁でパカッと割るだけの作業が、楽しくってたまらない。中華鍋で炒めるときだって、テンションがめちゃくちゃ高くなる。

そうやってできた料理は、高エネルギーに決まっている。そして、それを食べた人は、ゼッタイ元気になる。元気な人が集まれば、なんだってできる！世界を平和にすることだって……。

吉度日央里（よしどひをり）
1960年生まれ。オーガニック系フリー編集者・マクロビオティックインストラクター。種まき大作戦での役割は、出版部門。土と平和の祭典では、ブースとトークステージの一部をオーガナイズ。農は、家の前でお気楽な畑を2畝（2a）ほど。田んぼは、友人家族の世話になり、1反2畝（12a）。

Part 5

農ライフで わくわく

農を暮らしに取り入れることが、フツーの感覚になってきました。
各地で開かれる農イベントに参加する人もいます。
家庭菜園を充実させている人もいます。
田んぼや畑を借りてガッツリやる人もいます。
みんな、楽しくてたまりません。

高坂勝＆早苗

Masaru Kousaka&Sanae　Organic Bar

買う人から作る人へのシフト

2009年から、谷津田（やつだ）（小さな谷間の田んぼ）を借りました。すべて手作業で、開墾からの米作りです。

日本の食料自給率は41%。残りは、海外の土地や水に依存しています。しかも、遠距離輸送による多大な燃料使用がもたらすのは、温暖化と資源戦争です。私たちにできることはなんだろうと考え抜いたとき、たどり着いた答えが「自給」でした。

ただ、そんな考えよりも、土と戯れだすと、楽しくて、楽しくて。東京から隔週で足を運んでも苦にならないほど、得るものが大きい。野良仕事のあと、汗をかいてホッと一息ついていると、風が吹きぬけます。家路に着くころは、夕日が「お疲れさま」と真っ赤に輝いています。そんなとき、「生きていてよかった~」と毎度感銘するのです。

5年間使っていなかった田んぼ。開墾から田植えまで、すべて人力、すべて手作業！

人は、自然と切り離されては生きていけません。自給的な生活は、経済や社会からの自立。しかも、加害者も被害者も作らず、買う人から作る人へのシフトです。土は世界を平和に導くだけでなく、心も平和にするのですね。

高坂勝（こうさかまさる）＆高坂早苗（こうさかさなえ）
勝は1970年生まれ。東京・池袋にてOrganic Bar「たまにはTSUKIでも眺めましょ」を営む。早苗は1957生まれ。旧姓木田。2008年まで、「OHANA CAFÉ」を営む。共著に、『重曹・酢・EMでエコ家事ライフ』（永岡書店、2004年）がある。二人で、千葉県匝瑳（そうさ）市の谷津田5畝（5a）を作る。
たまにはTSUKIでも眺めましょのブログ　http://ameblo.jp/smile-moonset/

山田英知郎

Eichirou Yamada　MOMINOKI HOUSE

太陽や大地の力を直に感じる

体に安心、安全なばかりか、太陽や大地のパワーを蓄え、私たちに与えてくれる自然食。1976年から、私のレストランで提供してきました。ここは、単なるレストランではなく、ニューライフスタイルの提案を行うフード・コンセプト・ショップです。多くの人に自然食の豊かさを知ってもらい、語り合い、人びとが協調する場所としての役割を担っています。

食べ物は生命の素。その素をいただくレストランは、生命の場所。人の命をよく養い、体力と精神を強く健やかにします。多くの人に自然食の素晴らしさと、その素材を作る農業を知ってもらい、自然食材を作る人、いただく人を増やそうというプロジェクトも、私が顧問で始まりました。

その活動の一環として、畑に行っています。太陽や大地の力を直に感じ、食の素晴らしさを実感。心も体も豊かになります。ぜひ多くの人に、この感覚を共有してほしい。そうすれば、人びとはもっと幸福に、平和な生活ができるはずです。

農家の指導を受けながら、学生たちもいっしょに農体験をする「えぬふす農園」で。

MOMINOKI HOUSEのコンセプトは、「食べる物が心と体を作る」。

山田英知郎（やまだえいちろう）
1949年生まれ。自然食シェフ。1976年、東京・原宿に、日本で初めて、自然食を提案するFOOD CONCEPT SHOP「MOMINOKI HOUSE」をオープン。国内外の著名人や有名ミュージシャンが顧客となっている。自然のエネルギーを感じる食生活を提案する「ナチュラル・フード・スタジオ（NFS）」の顧問を務め、講師やスタッフ、学生たちと共に、農園での実践を体験している。
MOMINOKI HOUSEのHP　http://www2.odn.ne.jp/mominoki_house/
ナチュラル・フード・スタジオのHP　http://www.nfst.jp/

撮影／松浦克樹

飯田雅子

Masako Iida　**棚田チャレンジボランティア**

農家じゃなくてもお米を作れる！

2008年から「棚田チャレンジ」(種まき大作戦主催) に参加して、お米作りや耕作放棄地の開墾、雑穀作りなどに挑戦しています。

最初は、「一度くらい田植えを体験してみよう」という軽い気持ちでの参加でした。けれど、昔ながらの里山の風景を残す千葉県鴨川市での田植え体験はとても新鮮で、予想以上に楽しかったのです。農業に対して抱いていた古臭いイメージはどこへやら……。

その後は都合の合う仲間が集まって、月に一度のペースで鴨川に通い、草取りから収穫までを体験。秋にお米を手にしたときには、「農家じゃなくてもお米を作ることができるんだ!」と、感動しました。最近では、「農のある暮らしが、自然な人間本来の生き方では?」と思い始めています。環境問題をはじめさまざまな社会問題は、土から遠ざかった不自然な生活が原因かもしれません。

『半農半Xの種を播く』(コモンズ、2007年) に触発されて、私も農を体験したい!と。タイミングよく出会ったのが、棚田チャレンジ。

土に触れる時間を取り戻すことが、豊かで平和な社会への第一歩。まずは、農イベントや援農などに参加してみませんか?　きっとハマりますよ!

飯田雅子 (いいだまさこ)
1976年生まれ。東京都内在住の派遣OL。特技はマクロビオティック料理。2008年より農の魅力に目覚め、現在は棚田チャレンジ、アースデイマーケットのボランティアに。マクロビオティックの勉強などアクティブに活動しつつ、半農半Xへの道を模索中。
ブログEarth Dayな日々　http://www.treep.jp/blog/earthday/

 撮影 (左・右下) ／澤田佳子　撮影 (右上) ／田中利昌

木全史

Fumi Kimata　　新規就農準備中

食べ物は国内で自給、できれば自分で

土の上に裸足。畑で地下足袋を脱いで立ってみると、自分と大地がつながって、じわじわと元気がわいてくる感じがします。草取りの手伝いなどで、何度かお客さんを畑に迎えましたが、土の上では誰もが無邪気に楽しそう。人は本能的に土に触れていたいのかな、と思いました。

最近、自給菜園をする人が増えていることに希望を感じています。自分で食べ物を作ってみると、生産者や生産地への理解が深まると思うからです。外国の産地に想像をめぐらす人も、増えるにちがいありません。

以前、「日本が米不足でタイ米を大量に買いつけたとき、アフリカの国々が十分に米を輸入できなかった」と知り、驚きました。輸入食品を食べることが、外国の人に迷惑をかける場合もあるんだ、と。そうならないためにも、食べ物を国内で自給、できれば自分で作っていく。それは、世界の争いや貧困を減らすための大きな力になると思います。

冬場に集めた落ち葉を積んで作る小泉循環農場（36・37ページ参照）式の落ち葉堆肥で、多種類の野菜を栽培しています。

木全史（きまたふみ）
1969年生まれ。学生時代、南北問題のゼミで米作りを経験。エコロジーショップGAIAで有機野菜など食品の仕入れ販売を10年強担当、その縁で千葉県成田市に移り、農的暮らしを始める。小泉循環農場でのアルバイトを経て、百姓生活へ。現在、1反5畝（15a）の畑で相棒と共に年間約60種の野菜を育て、オーガニックカフェなどで販売するかたわら、茨城県石岡市で新規就農準備中。

山戸ユカ

Yuka Yamato

cha.na 料理教室

プランターが教えてくれた

ある日の朝、いつものように庭に出ると、小さな小さな稲穂ができていました。

3カ月前に夫が会社の人からもらってきた稲の苗。半分に切ったペットボトルに入っていた苗を、プランターに植えかえて育てていたのです。

小さな稲の子どもは、ときどきたっぷりの水をやるだけでスクスクと育ち、特別な手入れもしないうちに、気がつくと、お米の子どもができていました。

私は東京の吉祥寺で生まれ育ち、料理を仕事にしています。ところが、毎日食べているお米がどのようにできているのかを考えたこともなく、日本の食料自給率が40%の危機だと騒がれても、どこか他人事のように感じていました。食べ物が飽和状態の日本のなかで、本当に食べることの意味やお腹いっぱい食べられることの幸せを、この小さなお米の子どもを見て考えさせられたように思います。

玄米を大切に食べていますが、まさかプランターでお米を育てることになるとは……。

自分の食べるものへの意識を高くもつということは、自分たちがたくさんのいのちに支えられて生かされていることに気づくことなのかもしれません。小さなプランター農園は、便利な都会に埋もれていた私に、大きくて大切なことを教えてくれたのでした。

山戸ユカ（やまとゆか）
1976年生まれ。玄米菜食を得意とする料理研究家。東京とは思えない畑に囲まれた古い一軒家で「cha.na 料理教室」を主催。著書に「山戸家の野菜ごはん」（マーブルブックス、2009年）、「つながる外ごはん」（小学館、2009年）がある。
cha.na 料理教室のブログ　http://chimcham.blog.ocn.ne.jp/

畑口勇人

Yuujin Hataguchi

東京農大醸造科学科

畑で生き物を感じる喜び

畑作業をしていてなによりもうれしいのは、そのあとのご飯が格別においしいこと。土の上を歩いて、体を動かして、いい汗をかいたあとは、本当に気持ちよくお腹がすきます。そして、自分はいま、「生きている!」といちばん感じるときでもあります。一息ついて土の上に座って、空を見ながら風を感じる気持ちよさは格別です。

いまは少数の大規模農家がほとんどの食べ物を作っています。でも、国民全員がなにかしらの形で食べ物を作ることに携われればよいのになあ、と思いませんか。私は食べ物を作ることに関わり始めたら、小さいことで落ち込んだり、文句を言っている暇もなくなったような気がします。

せっかく地球に生まれたのだから、生命体の塊である土の上を歩いてみましょう。生きているのは自分だけではありません。虫や菌、植物などすべての生き物を「感じる」喜びを、みなさんにもぜひ味わっていただきたいです。

野良仕事をすると、いい感じで疲れて、充実した一日に。

雨乞いの踊りを農家さんと、その息子さんといっしょに。

家で作った米ぬかの発酵肥料を撒いているところ。

畑口勇人（はたぐちゆうじん）
1987年イタリア、ミラノ生まれ。2006年より日本で暮らす。東京農大醸造科学科で、大好きな発酵食品やお酒のことを勉強しながら、絵やワイヤーアートの創作活動中。神奈川県相模原市で畑6坪（約20㎡）を借り、米ぬかを発酵させた自家製肥料で多品目を育てている。

松澤亜希子

Akiko Matsuzawa　フォトグラファー

マンションでも植物は生きぬく

種を見ると、「芽は出るかしら？」。葉っぱを見ると、「水に差しておいたら、根っこは出るかしら？」。木を見ると、「この枝は、どうやって繁殖させられるかしら？」。もう長いこと、こんな思考回路になってしまっている私……。都会のマンションでも、土と空気と太陽とがあれば、植物はがんばって生きぬいてくれるから。

人間同様それぞれ好みがあって、好きな日当り水やりなどがあるので、顔色をうかがいながら育てています。植物は、自分のバロメーターにもなりますね。自分に余裕がなく、めんどうをみてあげられないと弱っていき、みてあげてるとどんどん元気になっていく。そうやって育つ姿を見ると、もっともっとみてあげちゃいます。よい循環ですね。

植物が部屋の中にいるというだけでも幸せですが、食べられるならば、さらに幸せ。お料理に、ほんのちょっと摘みたてのハーブの葉っぱがのっただけで、全然違います。かなり気持ちが上がりますっ。

植物いっぱいの私の部屋に来て、園芸に目覚める人が増えています。

窓のフェンスの上という細長いスペースも、鉢で埋まっています。

料理の仕上げに、摘んだばかりの新鮮で香りのいいハーブを。

松澤亜希子（まつざわあきこ）
1973年生まれ。フォトグラファー。青じそなどの薬味、ミントなどのハーブ、プチトマトなどの野菜をベランダや窓際で育てる。ハーブや野菜を育て始めてからは、農や食に関わる撮影の仕事が増え、趣味と仕事が混ざり合ってきている。

 撮影（植物・料理）／松澤亜希子　撮影（人物）／千葉尚史

石鍋明夫

Akio Ishinabe　　風の谷工房代表

おやじの会の農園ボランティア活動

子どもが通う小学校の農園が荒廃しているという話は、前々から聞いていました。そんな折、副校長先生から農園ボランティアのお話をいただき、「加平（かへい）小おやじの会」で検討。作付け管理などは難しいが、ハード面の整備や雑草取りならできるという結論になりました。

こうして完成したのが、廃材利用による入口（車椅子対応スロープ付）と、緑のカーテン、雨水タンクつきの休憩小屋です。

さらに、食育をかねての「大豆の種まき大作戦」や「ジャガイモの種まき大作戦」などを、トージバさんや地元の有機農家さんの力をお借りして高学年を対象に毎年開催しています。

公務員、大手金融機関、商社など、さまざまな職業につくおやじ連中が、無償で体を動かすことは、まずないでしょう。その彼らが額に汗をにじませ、黙々と雑草を取る姿には、感動すら覚えます。休憩中のみんなの笑顔。緑のカーテンを通り抜ける風がみんなの心を癒し、そこに小さな平和が生まれます。

おやじたちで行った、大豆の種播き。

大豆の収穫。子どもたちは大はしゃぎ。

石鍋明夫（いしなべあきお）
1965年生まれ。「風の谷工房」代表。自然素材や安全な素材に特化したリフォームや、漆喰や自然塗料などをセルフビルドで仕上げたい人のサポートなどを行う。NPO緑の家学校の立ち上げに関わり、足立グリーンプロジェクトに参加。現在、東京都足立区の小学校の農園を、PTAのおやじの会でボランティア管理中。
風の谷工房のHP　http://www.kazenotani.info/

土器屋桃子 Momoko Dokiya

築地市場勤務

農体験は、ぜんぜん疲れない！

初めての農体験は、2006年に千葉県神崎町で開催された「1000人の種まき大作戦」。電車を乗り継ぎ、バスに乗り換え……遠かった。でも、子どもたちは、どろんこになって大喜び。私はだだっ広い畑での大豆の種播きが、気持ちよくてたまらなかった。心から平和だと思えるひととき。

帰りはまた、子連れの長い道のり。どんなに疲れるかと思ったら、家に帰ってもぜんぜん疲れていない。「なんで、いつも疲れているんだろう？」。土から離れた生活に、大きな気づきがあった日だった。

土器屋桃子（どきやももこ）
1973年生まれ、千葉県船橋市在住。築地市場で働く三男一女の母。2006年より、トージバ主催の「大豆レボリューション」の種大豆オーナー※になり、種播きや草取り、収穫などの農作業に家族で出かけている。
※1口5000円で6坪の大豆畑のオーナーになって農作業に参加し、収穫した大豆を受け取るシステム。
大豆レボリューションのHP
http://www.toziba.net/project/daizu_revo/2008/index.html

久保木真理 Mari Kuboki

おかげさま農場

野菜に詰まる土のパワー

青空の下、畑の土を裸足で歩く。2007年の「1000人の種まき大作戦」に参加して、農スイッチON。足裏からグーッと力強いエネルギーが上がってきて、なおかつ、スーッと体毒を吸い取ってくれるイメージ。気持ちよくて、幸せな気分になる。

私が瞬時にそう感じるのだから、野菜に詰まっている土のパワーは、いったいどれくらいなのか？　考えるとワクワクし、土への愛おしさと感謝の思いがあふれ出す。

今度は、私が愛を与える番。欲をかかず、あるがまま、そんな農が平和へつながる。

久保木真理（くぼきまり）
1974年生まれ。千葉県香取市在住。2008年、WWOOF（有機農場で仕事を手伝い、食事と宿泊の提供を受ける）のご縁から成田市の「おかげさま農場」で、直売所と農作業の仕事に就く。1畝（1a）の家庭菜園では、義父母と共にキャベツやじゃがいも、ブロッコリーなど約10種類の野菜を育てる。

仁平加奈子 Kanako Nihira

就農準備校への通学

生かされていることに気づく

農作物を育てる場合、目に見える部分だけを見るのではなく、下で支えている土の状態を観察することが、とても大切だそうです。なぜなら、土の中では多種多様ないのちがはぐくまれているから。それらのパワーをもらって育てられた作物をいただくことは、イコール自分で生きているのではなく、生かされているということ。

土や農を生活に取り入れると、そのことをより体感できるのではないでしょうか？　そのような謙虚な思いこそが、平和につながっていくと思います。

仁平加奈子（にひらかなこ）
1975年生まれ。食→農へと興味が移ったのは2005年から。就農準備校への通学、世田谷区で農家研修と援農をしつつ、区民農園を借りる。耕作面積は５坪弱（15㎡）で、小松菜、ブロッコリー、ネギ、夏野菜などを栽培。

松田ゆり Yuri Matsuda

玄米ご飯とお菓子の店「油揚げ」

畑では自分の方向が定まる

神奈川県藤沢市の農場に、ただ好きで、援農に通っています。なぜ好きかというと、生命力を感じているから。土と水と太陽も大好きだから。そして、人間も自然の一部であり、一植物、一生き物だと実感できるから。

畑で考えると、自分の進行方向が定まります。気持ちが豊かになれるので、いろいろな人たちを連れて、思いを共感できるのも楽しいです。

畑のエネルギーは、私にとってガソリン。畑で生きる人びとに感謝しつつ、見習いながら、自分の好きな料理の仕事ができます。

松田ゆり（まつだ ゆり）
1973年生まれ。東京都大田区の穴守稲荷近くの、玄米ご飯とお菓子の店「油揚げ」店主。2005年より、野菜の仕入れ先である神奈川県藤沢市の相原農場に、月２回のペースで援農に通う。
油揚げのHP　http://aburaage.web.fc2.com/

「土と平和」という新しいマインドセット

環境危機、地域紛争や戦争、核兵器の拡散、エネルギー危機、食料危機、そして2008年夏の金融危機に端を発した深刻な経済危機など、この世は危機のオンパレード。これらはすべて、この数十年世界を支配してきたグローバル経済システムの破綻を示す兆候です。だが、それだけではありません。ぼくたちが抱え込んだ問題の数々は、おそらくみな西洋文明と近代そのものが残した負の遺産なのです。

「ある問題を引き起こしたのと同じマインドセットのままで、その問題を解決することはできない」

これは、アインシュタインの言葉だそうです。しかし、どうでしょう。世界的不況のなかで「景気の回復」を唱えることしかできない世界の権力者たちは相変わらず、危機を引き起こしたのと同じマインドセットのままで、その危機が克服できるかに思い込み、ふるまっています。つまり、何よりも危機的なのは、このマインドセットそのものであり、それに囚われたわれわれ人間自身なのです。

それさえわかれば、危機にまみれた世界とは、同時に、数々の希望に満ちた世界です。政財界や、その意を汲んだマスメディアが「危機だ、危機だ」と騒ぎたてるのをよそに、「土と平和」を合言葉に、黙々と、しかし、自信に満ちて歩んでいく人たちの数が世界中で急速に膨らんでいるのですから。

世界のあちこちで、これまでのグローバル化に代わるローカリゼーションの動きが盛んになりました。それと連動するように、この日本でも、農と食と地域というキーワードを軸にした静かな革命が進行中です。それは、もはや単なる一時的な流行でも、何かに反対するだけの「運動」でもない。それは、「奪い合いの経済」を「分かち合いの経済」で置き換える新しい社会の始まりであり、従来の価値観や美意識や生き方に替わる新しい文化の創造なのです。そんな「懐かしい未来」の種まき人である皆さんに、本書を通じて出会える「し合わせ」に感謝します。

「種まき大作戦」世話人
文化人類学者・環境運動家・明治学院大学国際学部教員
辻 信一

土から平和へ

2009年11月1日・初版発行

塩見直紀と種まき大作戦　編著

発行者・大江正章
発行所・コモンズ
東京都新宿区下落合1-5-10-1002
TEL03-5386-6972 FAX03-5386-6945
振替　00110-5-400120

info@commonsonline.co.jp
http://www/commonsonline.co.jp/

企画・制作／吉度日央里
制作協力／鈴木こ豆衣
ブックデザイン・ＤＴＰ／吉度天晴

協力／渡邉義明～アファス認証センター～
自然食品店マクロビオティックおかあさん～岐阜県高山市～

印刷／東京創文社　製本／東京美術紙工
乱丁・落丁はお取り替えいたします。
ISBN978-4-86187-066-8 C0036

◆コモンズの本◆

半農半Xの種を播く　やりたい仕事も、農ある暮らしも	塩見直紀ほか編著	1600円
本来農業宣言	宇根豊・木内孝ほか	1700円
みみず物語　循環農場への道のり	小泉英政	1800円
天地有情の農学	宇根豊	2000円
幸せな牛からおいしい牛乳	中洞正	1700円
無農薬サラダガーデン	和田直久	1600円
食べものと農業はおカネだけでは測れない	中島紀一	1700円
いのちと農の論理　地域に広がる有機農業	中島紀一編著	1500円
いのちの秩序 農の力　たべもの協同社会への道	本野一郎	1900円
都会の百姓です。よろしく	白石好孝	1700円
食農同源　腐蝕する食と農への処方箋	足立恭一郎	2200円
有機農業で世界が養える	足立恭一郎	1200円
有機農業の思想と技術	高松修	2300円
有機農業が国を変えた　小さなキューバの大きな実験	吉田太郎	2200円
有機的循環技術と持続的農業	大原興太郎編著	2200円
菜園家族21　分かちあいの世界へ	小貫雅男・伊藤恵子	2200円
地産地消と循環的農業　スローで持続的な社会をめざして	三島徳三	1800円
教育農場の四季　人を育てる有機園芸	澤登早苗	1600円
耕して育つ　挑戦する障害者の農園	石田周一	1900円
わたしと地球がつながる食農共育	近藤恵津子	1400円
バイオ燃料　畑でつくるエネルギー	天笠啓祐	1600円
農家女性の社会学　農の元気は女から	靍理恵子	2800円
〈有機農業研究年報 Vol.6〉 いのち育む有機農業	日本有機農業学会編	2500円
〈有機農業研究年報 Vol.7〉 有機農業の技術開発の課題	日本有機農業学会編	2500円
〈有機農業研究年報 Vol.8〉 有機農業と国際協力	日本有機農業学会編	2500円

（価格は税別）